AF537891

Fotografien von Frans van de Camp

Damals in der DDR

Dampflokomotiven vor der Kamera

Einbandgestaltung:
Katrien van de Camp/Luis dos Santos

Titelbild:
44 0413-3, eine der Anfang der Achtzigerjahre noch in größeren Stückzahlen in Saalfeld vorhandenen Lokomotiven der Baureihe 44, hat gerade die Drehscheibe verlassen.

Foto:
Frans van de Camp

Bildnachweis:
Die zur Illustration dieses Buches verwendeten Aufnahmen stammen – wenn nichts anderes vermerkt ist – vom Verfasser.

ISBN 978-3-613-71675-9

Postfach 10 37 43, 70032 Stuttgart.
Ein Unternehmen der Paul Pietsch Verlage GmbH & Co. KG

1. Auflage 2023

Sie finden uns im Internet unter
www.transpress.de

Lektor:
Hartmut Lange

Innengestaltung:
Katrien van de Camp

Repro:
Frans van de Camp

Druck und Bindung:
Graspo CZ, 76302 Zlin
Printed in Czech Republic

Vorwort

Vor einigen Monaten besuchte ich ein Restaurant in Tilburg, das seinen Sitz in einem ehemaligen Ringlokschuppen hat. Die dazugehörige Drehscheibe existiert ebenfalls noch. Meine Gedanken gingen sofort zurück in das Jahr 1954, als meine Liebe zur Dampflok an genau diesem Ort begann. Unsere Familie war damals gerade in ein neues Haus umgezogen, das nur 100 Meter entfernt vom Tilburger Bahnhof lag.

Unmittelbar neben dem Bahnhof befand sich das große Dampflok-Ausbesserungswerk »D'n Atelier«, wo die Dampflokomotiven eine Hauptuntersuchung bekamen und instandgesetzt wurden. Dazu gehörte auch der eingangs erwähnte Rundschuppen mit Drehscheibe. Das Pfeifen und Zischen der Loks fand ich sehr reizvoll, deshalb war ich oft auf dem Bahnhof zu finden.
Als Sechsjähriger lief ich jeden Mittwoch nach der Schule zu meinen Großeltern. Dabei musste ich einen Bahnübergang überqueren, aber ich bevorzugte immer die Fußgängerbrücke, um, oben angekommen, auf einen Dampfzug zu warten. Das dauerte meistens nicht lange. Und wenn die Lok unter mir hindurchfuhr, stand ich mitten in den Rauchwolken. Das machte mir einfach Spaß, auch wenn meine Mutter sicher weitaus weniger begeistert war.
Im Gegensatz zu den modernen Elektroloks, die sich scheinbar ganz ohne Mühe mit großer Last in Bewegung setzten, spürte man bei Dampfloks durch die vielen Geräusche sowie die Dampf- und Rauchentwicklung immer die gewaltige Kraftanstrengung, die nötig war, um einen schweren Zug zu bewegen.
Als meine Familie im Jahr 1956 zum ersten Mal Urlaub in Deutschland machten, fuhren wir die bekannte B 9 von Koblenz bis Bingen am Rhein entlang. Immer wieder kamen uns die großen Dampfloks der Baureihe 44 entgegen, die mit schweren Güterzügen unterwegs waren, oder Schnellzüge, geführt von der imposanten Baureihe 01 mit ihren großen Treibrädern.

»Ich bevorzugte immer die Fußgängerbrücke, um, oben angekommen, zu warten bis ein Dampfzug auftauchte«

Weil der Bahndamm hier oberhalb der Straße verläuft, schienen die Loks beim Blick aus dem Auto noch viel größer zu sein, besonders bei den Portalen der zahllosen Tunnel auf dieser Strecke, was mich sehr beeindruckte.
Bereits im Januar 1958 war die Dampflokzeit in den Niederlanden endgültig vorbei, aber unsere Familie verbrachte in der Folge ihren Urlaub vier Jahre nacheinander am Bodensee. Die Bahnlinie lag unmittelbar neben dem Campingplatz in Überlingen, wo wir unseren Wohnwagen aufgestellt hatten.
Im Stundentakt kamen hier Dampfloks der ehemaligen preußischen Gattung P 8 (Baureihe 38^{10-40}) vorbei, und in Lindau waren die hochrädrigen S 3/6 noch immer im Einsatz, obwohl auch schon die neuen Dieselloks der Reihe V 200 ihren Einzug hielten. Hätte ich damals eine Kamera gehabt, dann hätte ich unwiederbringliche Bilder schießen können. Nach den unvergesslichen Urlaubstagen am Bodensee kam ich leider für längere Zeit nicht mehr nach Deutschland und das Einzige, was mich an Dampfloks erinnerte, war meine Modellbahn.

Als ich Anfang der Siebzigerjahre meinen Militärdienst leistete, gab es eine NATO-Übung im Norden der damaligen Bundesrepublik. Auf dem Weg dorthin überquerte meine Kompanie in Meppen einen Bahnübergang der Emslandstrecke. Zufälligerweise schaute ich nach links und sah im dortigen Bahnhof eine riesige Dampflok der Baureihe 012 (bis 1968: Baureihe 01^{10}) mit einem Personenzug, die auf die Ausfahrt wartete. Plötzlich verstand ich, dass es in Deutschland immer noch Dampfloks gab. Deshalb beschloss ich, nach meiner Entlassung aus dem Militär nach Deutschland zurückzukehren, um die letzten Dampfloks zu fotografieren. Dies sollte wegen meiner Arbeit meistens an den Wochenenden geschehen, dazu kam es jedoch nicht. Ich spielte damals in einer erfolgreichen Jazzband und wegen unserer zahlreichen Auftritte hatte ich einfach keine Zeit auf die Suche nach Dampfloks zu gehen.

Als ich schließlich endlich mit dem Fotografieren von Dampfloks beginnen wollte, war die große Dampfzeit bei der Deutschen Bundesbahn leider vorbei. Ich konnte nur noch einige wenige Dampfloks in Rheine und Duisburg-Wedau fotografieren, aber zu dieser Zeit musste man schon viel Geduld haben. Auch habe ich Aufnahmen gemacht beim Eschweiler Bergwerksverein, wo noch einige Tenderloks für Rangierarbeiten eingesetzt wurden. Aber dann war es endgültig vorbei, ich hatte einfach meine Chance vertan.

Ich habe es immer sehr bedauert, dass ich den richtigen Zeitpunkt verpasste als es in der Bundesrepublik noch die Möglichkeit gab Dampfloks im täglichen Einsatz zu erleben. Doch in verschiedenen Eisenbahnmagazinen erschienen damals Beiträge von Leuten, die die DDR besucht hatten. Sie berichteten, dass dort noch viele Dampfloks eingesetzt wurden. Sofort entschloss ich mich, diese vielleicht letzte Gelegenheit zu nutzen, um doch noch Dampflokomotiven vor die Kamera zu bekommen.

Ein Besuch der DDR erforderte bestimmte Vorbereitungen, denn eine Reise dorthin war nicht ohne Weiteres möglich. Ich benötigte ein Visum, das schon lange vorher beantragt werden musste. Dabei war genau anzugeben, in welche Bezirke ich reisen würde und auf welchen Campingplätzen ich mein Zelt aufstellen wollte. Dafür kamen nur einzelne »Intercampings« in Betracht, ich hatte also keine freie Wahl.

Bei der Einreise am Übergang Herleshausen/Wartha wurde mein Auto von schwer bewaffneten und ziemlich unfreundlichen Mitgliedern der DDR-Grenztruppen mit aggressiven Hunden gründlich durchsucht. Auch mein Pass, Visum und Kennzeichen wurden mehrmals geprüft, jedes Mal von einem anderen Grenzpolizisten. Diese erkundigten sich auch genau nach meinen Zielen und auf welchen Campingplätzen ich Übernachtungen gebucht hatte.

»Während meiner DDR Reisen hatte ich öfter das Gefühl in einer früheren Zeit zu leben, aber Land und Leute haben mich immer fasziniert«

Für jeden Tag meiner Reise gab es eine Umtauschpflicht: 25 D-Mark gegen 25 DDR-Mark. Erst dann erhielt ich eine sogenannte »Einreisegenehmigung«. Nach etwa zwei Stunden Aufenthalt an der Grenze konnte ich endlich weiterfahren, aber jeden Tag sollte ich mich bei der Volkspolizei in meinem Bezirk melden, um eine »Aufenthaltsgenehmigung« zu erhalten. Es hatte keinen Zweck die Polizei zu fragen, warum eine separate Aufenthaltsgenehmigung vonnöten sei, wenn man schon einreisen durfte. Es war klar, dass man immer genau wissen wollten, wo ich mich befand.

Auch beim Fotografieren auf Bahnhöfen und entlang der Strecken war Aufmerksamkeit angesagt, weil auf manchem Zug Transport-Polizisten, die »Trapo«, mitfuhren, die das Fotografieren von Infrastruktur, insbesondere Eisenbahnen, als Spionage betrachten konnten. Als ich eines Tages in Bautzen auf dem Viadukt in der Nähe des Bahnhofs die zahllosen dampfgeführten Züge fotografierte, kam ein Polizist auf mich zu und fragte mich, was ich dort mache. Ich antwortete, dass ich ein Eisenbahnfreund sei und die Dampfloks fotografieren wolle. Er erklärte mir, dass das in Ordnung sei, aber ich dürfe nur einzelne Züge fotografieren, nicht die ganzen Bahnanlagen.
Um zu vermeiden, dass er meine Filme beschlagnahmte, versprach ich ihm natürlich, mich daran zu halten. Dass es für mich kein Problem darstellte, später die vielen Fotos nebeneinander zu legen, um trotzdem ein vollständiges Bild von der Anlage zu erhalten, ließ ich bewusst außer Betracht, ich war nur froh, dass ich weiter fotografieren durfte. Auch habe ich die Satelliten der NATO nicht erwähnt, die damals schon fast jede Stunde eine genaue Aufnahme vom ganzen Gebiet machten, besser als ich es je hätte tun können. Darüber hinaus war die ganze Anlage schon viele Jahrzehnte genauestens bekannt und in Büchern dargestellt worden. Ohnehin hatte sich dort seit den Dreißigerjahren des 20. Jahrhunderts kaum etwas verändert, aber dies zeigte nur einmal mehr die Besessenheit der DDR-Behörden von der Spionagegefahr durch den »Klassenfeind«.

Während meiner DDR-Reisen hatte ich öfter das Gefühl, in einer vergangenen Zeit gelandet zu sein, aber Land und Leute haben mich immer fasziniert. Ich erinnere mich noch an Gespräche mit DDR-Bürgern im Bahnhof, wo sie sich manchmal kritisch äußerten über das Leben im »Heilstaat«, sich dabei aber immer umschauten, ob jemand mithörte.

Eine Frau sagte mir, dass sie so gerne mal »drüben gucken« möchte. Wir ahnten beide nicht, dass ihr Wunsch nur wenige Jahre später schon erfüllt werden würde.
Es scheint unverständlich, dass es in der ehemaligen DDR noch Leute gibt, die sich nach der Zeit vor der Wende zurücksehnen. Das hat damit zu tun, dass Tempo und Effizienz der modernen Wirtschaft maßgebend geworden sind und manche Bürger, vor allem die älteren, da nicht mithalten können. Viele Arbeiter und Arbeiterinnen wurden entlassen, weil ihre Betriebe nicht konkurrenzfähig waren. Die Sicherheit eines garantierten Arbeitsplatzes war damit verschwunden.

Vielerorts sind die Mieten und manche Produkte viel teurer geworden als zuvor. Aber die Mehrzahl dieser Produkte waren zu DDR-Zeiten überhaupt nicht erhältlich. Es gab nur wenig Auswahl und auf einen neuen Trabant musste man mindestens zehn Jahre warten. Auch haben diese Leute den deprimierenden Anblick der langen Schlangen vor den Lebensmittelgeschäften vergessen. Der Einkauf für den täglichen Bedarf war oft eine mühsame Angelegenheit, und Wartezeiten von einigen Stunden waren keine Seltenheit. Besonders in den Metzgereien konnte man nur kleine Mengen Fleisch, wenn überhaupt vorhanden, kaufen, weil »die Anderen auch etwas haben möchten«.

Dass man seinen eigenen Freunden, Nachbarn oder sogar Kindern nicht immer trauen konnte, weil sie vielleicht Informanten der Stasi waren, wird ebenfalls oft vergessen. Manche Menschen haben erst nach der Wende das ganze Ausmaß dessen mitbekommen, was viele Familien gespalten hat.
Die Bevölkerung lebte damals de facto in einer Diktatur. Für mich waren diese Erfahrungen aber sehr lehrreich und sie trugen bestimmt dazu bei, dass ich die Besuche in die DDR, einmal ganz abgesehen von meiner Fotoausbeute, als sehr wertvoll betrachte.

Fünf Mal habe ich die DDR besucht und dort so viel wie möglich fotografiert, ich wollte jetzt keine Gelegenheit mehr verpassen. Dabei sind viele Aufnahmen von Normalspur-Lokomotiven entstanden, u.a. in Saalfeld, Bautzen, Crottendorf, Elsterwerda, Nossen, Kamenz, Halberstadt und Löbau. Aber die Schmalspur-Strecken im Harz, ins Zittauer Gebirge, im Lößnitzgrund und im Weißeritztal mit ihren besonderen Reizen sind auch vertreten. Nach der Wende kamen noch die Schmalspur-Strecken von Oschatz nach Mügeln, von Bad Doberan nach Kühlungsborn und von Putbus nach Göhren dazu. Kurz danach gab es die Wiedervereinigung und ein paar Jahre später folgte der Zusammenschluss von DB und DR zur Deutschen Bahn AG.

Normalspur-Dampfloks hatten zu dieser Zeit schon ausgedient, aber auch den Schmalspur-Strecken drohte bald danach das »Aus«. Eine nach der anderen Bimmelbahn wurde privatisiert, aber glücklicherweise blieben die meisten erhalten und fahren auch jetzt noch mit Dampfzügen. Für den Tourismus sind sie sehr wichtig geworden.

Beim Fotografieren wurden ausschließlich professionelle Kameras wie Nikon (35 mm) und Mamiya (6 x 6 cm) benutzt. Die Aufnahmen, alle in Schwarzweiß, wurden geschossen auf Illford FP4- und FP5-Filme, oder die Kodak Äquivalenten Plus-X-Pan oder Tri-X-Pan. Die Filme wurden von mir selbst entwickelt und Abzüge davon gefertigt in meinem eigenen Fotolabor, in dem ich zahllose Stunden verbrachte.

Meine Negative wurden immer sorgfältig aufbewahrt und haben die Zeit gut überstanden. Seit meiner Pensionierung habe ich damit angefangen alle meine Fotonegative zu digitalisieren, ein sehr zeitintensiver Prozess, der jetzt abgeschlossen ist. Die Scans bilden die Basis für das nun vorliegende Buch, dessen Verwirklichung einer meiner Träume war. Jahrzehnte habe ich mit dem Gedanken gespielt, einmal ein Buch über Dampflokomotiven zu veröffentlichen und jetzt ist es soweit.
»Damals in der DDR« vermittelt das Bild einer Zeit als die Dampfwelt noch in Ordnung war.

Frans v/d Camp

Frans van de Camp Nuenen, Februar 2023

Hinweis
Die Lokomotiven werden nicht in chronologischer Reihenfolge präsentiert, sondern mit aufsteigenden Baureihen- bzw. Loknummern. Ausschlaggebend dabei sind die EDV-Nummern der DR nach 1970 und nicht die ursprünglichen Nummern bei der Auslieferung. Wenn bei einer Aufnahme ein Datum angegeben ist, gilt dieses auch für alle folgenden Aufnahmen, bis ein neues angegebenen wird.

Inhalt

NORMALSPUR

Baureihe 01^{2} 9
Baureihe 01^{5} 13
Baureihe 35 27
Baureihe 38 31
Baureihe 41 35
Baureihe 44 41
Baureihe 50 63
Baureihe 50^{35} 71
Baureihe 52 97
Baureihe 52^{80} 103
Baureihe 65 145
Baureihe 86 149

SCHMALSPUR

Baureihe 99^{15} 157
Baureihe 99^{17} 171
Baureihe 99^{22} 201
Baureihe 99^{59} 205
Baureihe 99^{60} 223
Baureihe 99^{61} 227
Baureihe 99^{72} 233
Baureihe 99^{78} 257
Baureihe 99^{90} 267

Quellenverzeichnis 276

NORMALSPUR

Baureihe 01²

Baureihe 01²

Zu den ersten in Serie gebauten Einheitsdampfloks der Deutschen Reichsbahn-Gesellschaft (DRG) gehörten die Zweizylinder-Maschinen der Baureihe (BR) 01. Sie waren für den schweren Schnellzugdienst konstruiert und hatten eine Höchstgeschwindigkeit von zunächst 120 km/h. Später, ab 01 102, konnte nach Vergrößerung der vorderen Laufräder und Verstärkung der Bremsen die Geschwindigkeit auf 130 km/h heraufgesetzt werden. Durch ihre Kraft, Eleganz und Geschwindigkeit waren sie die Stars unter den Dampflokomotiven in Deutschland. Die 01 ist wohl der Inbegriff der deutschen Einheitslokomotive schlechthin. Zwischen 1925 und 1938 wurden 231 Exemplare an die DRG geliefert.

Von 1937 bis 1942 kamen durch Umbau der Vierzylinder-Lokomotiven der Baureihe 02 in Zweizylinder-Maschinen noch zehn Stück dazu. Nach dem Zweiten Weltkrieg verblieben bei der DB noch 165 Lokomotiven.

Bis in die Sechzigerjahre bildeten sie in einigen Bundesbahndirektionen das Rückgrat im Schnellzugdienst. Die sogenannten Wagner-Windleitbleche wurden ersetzt durch solche der Bauart Witte. 80 Stück erhielten neue Hochleistungskessel in geschweißter Ausführung. Im März 1974 wurde die 01 111 als letzte Maschine bei der DB nach einer Gesamtlaufleistung von 4.400.000 km ausgemustert.

In der sowjetischen Besatzungszone verblieben bei der DR noch 70 Maschinen, von denen Anfang der Sechzigerjahre 35 Exemplare rekonstruiert wurden. Nur wenige der Altbaumaschinen, die bis zuletzt ihre großen Wagnerbleche behielten, waren Anfang der Achtzigerjahre noch im Einsatz.

000/001

Bis Anfang der Achtzigerjahre waren die Altbau-01 noch auf den Strecken Berlin–Dresden und Magdeburg–Rostock anzutreffen. In Saalfeld standen zwei Loks der Baureihe 01 abgestellt, und zwar 01 2118-0 und 01 2114-5. Mit ihren großen Wagner-Windleitblechen sahen die Loks noch fast aus wie im Auslieferungszustand. Nachdem die 01 2114-5 noch einige Jahre als Ersatzteilspender gedient hatte, wurde sie 1985 in Eisenach ausgemustert. Die 01 118 wurde an die Historischen Eisenbahn Frankfurt verkauft, ist aber mittlerweile in privaten Besitz übergegangen (Juli 1981).

01 2114-5
001

NORMALSPUR

Baureihe 01^5

Baureihe 01⁵

Anfang der Sechzigerjahre beschloss die DR, die Baureihe 01 in das Rekonstruktionsprogramm mitaufzunehmen, weil auf die Loks nicht verzichtet werden konnte. Sie sollten auf längere Zeit für den schweren Schnellzugdienst erhalten bleiben. Zwischen 1962 und 1965 wurden insgesamt 35 Maschinen im Ausbesserungswerk Meiningen umfassend umgebaut und erhielten dabei die Baureihennummer 01^5. Die Rekonstruktion kam fast einem Neubau gleich. Dabei wurden neue, vollständig geschweißte Hochleistungskessel eingebaut, die das Reichsausbesserungswerk Halberstadt lieferte. Dieser Rekokessel war dem der DB überlegen und ist somit der leistungsfähigste Kessel, den die BR 01 je erhalten hat. Die neu konstruierten Zylinder wurden geschweißt und mit Trofimoff-Schiebern ausgerüstet. Für die Drehgestelle entschied man sich für eine komplette Neukonstruktion, ebenfalls in geschweißter Ausführung.

Die gesamte Architektur der Maschinen wurde neu entworfen. Die Kesselaufbauten erhielten eine Blechverkleidung vom Schornstein bis zur Führerhauswand. Außerdem bekamen die Maschinen ein neues Führerhaus. Einige der umgebauten Loks erhielten anfänglich die in der Sowjetunion üblichen Box-Pok-Treibräder, die jedoch aufgrund von Fertigungsmängeln zunehmend Probleme bereiteten. Im Rahmen der nächsten Hauptuntersuchung bekamen die Loks wieder Speichenräder der Normalausführung. Auch die bei einigen Maschinen eingebauten spitzen Rauchkammertüren wurden später durch flache Rauchkammertüren mit Zentralverschluss ersetzt.

Bei den meisten Maschinen wurde eine Ölhauptfeuerung eingebaut. Dafür sprach, neben Steigerung der Leistungsfähigkeit, eine Reihe ökonomischer Vorteile, so die Senkung der Brennstoff-, Lokbehandlungs- und Personalkosten. Hinzu kamen noch die Senkung der Zuglaufstörungen und die erhebliche Entlastung des Heizers von physisch schwerer Arbeit, die ihn für die Streckenbeobachtung frei werden ließ. Außerdem war diese Art von Verbrennung umweltfreundlicher. Durch die höhere Lage des Kessels, die neuen, hoch angesetzten Witte-Bleche mit abgeschrägten Kanten und die neue Frontschürze mit eingebauten Laternen sahen die Loks äußerst modern aus. Während ihrer Betriebszeit bei der DR haben sich die Maschinen ausgezeichnet bewährt. Einige blieben für die Nachwelt erhalten.

002
Die ölgefeuerte 01 0510-6 fährt mit einer defekten Lok der Baureihe 119 (»U-Boot«) am Haken in Saalfeld ein. Von diesen in Rumänien gebauten Dieselloks bestellte die Deutsche Reichsbahn 200 Exemplare, aber von Beginn an stand etwa die Hälfte der Fahrzeuge zur Reparatur in den Werkstätten. Auch nach umfangreichen Umbauten überzeugten die störanfälligen Loks nicht, noch immer waren ständig 20 bis 30% außer Betrieb. Trotzdem konnte die DR nicht auf die Loks verzichten, weil es noch viele Lücken im elektrifizierten Hauptbahnnetz der DR gab. Erst nach der Wende, als neue Motoren eingebaut und auch die Getriebe angepasst wurden, bewährten sie sich als neue Baureihe 229.

003
Im Juli 1981 war die Dampfwelt in Saalfeld noch in Ordnung und die Dieselloks waren eher die Ausnahme. Auf diesem Foto sind drei Loks der Baureihe 44 und nicht weniger als sechs Lokomotiven der Baureihe 01^5 zu erkennen. Ob aber die weiter hinten abgestellte Loks noch betriebsfähig waren, ist dem Autor leider nicht bekannt.

004

005

004/005
Die 01 0519-7 ist mit einem Personenzug aus Hockeroda in Saalfeld eingefahren. Nach dem Abkuppeln fährt die Lok zum Wasserkran.

006
Während der Heizer den Wasserkran beaufsichtigt, kontrolliert der Lokführer das Triebwerk.

006

007
Die 01 0519-7 hat wieder angekuppelt, um ihren Personenzug nach Rudolstadt zu bringen. Dass die Lok nicht auf der Drehscheibe gewendet wurde deutet schon darauf hin, dass es sich um eine untergeordnete Leistung handelt, weil die Höchstgeschwindigkeit mit Tender voran nur 50 km/h beträgt. Diese Lokomotive blieb betriebsfähig erhalten.

008
Ein Teil der formschönen und sehr gelungenen Maschinen wurde mit einer Ölhauptfeuerung ausgerüstet, wie auch 01 0520-5. Sie hat soeben die Drehscheibe verlassen und rollt an ihren Personenzug.

007

008

009

010

009
Erst muss noch rangiert werden, bevor das richtige Gleis erreicht ist.

010
Die 01 0520-5 ist angekuppelt und wird in wenigen Minuten den Bahnhof in Richtung Unterwellenborn verlassen. Wie auch die anderen 01er war die Lok bestens gepflegt.

011/012
»Ausfahrt frei« und ab geht die Post. Die leistungsfähigen Loks der Baureihe 01^5 liefen wie ein Uhrwerk und galten als sehr zuverlässig.

011

012

013

014

013
Mit dem Personenzug aus Hockeroda fährt die 01 0522-1 in den Bahnhof Saalfeld ein.

014
Zu dieser Zeit fuhren die meisten Saalfelder Loks der Baureihen 01 und 44 mit einer Öl-Hauptfeuerung. Der Kohlenbehälter wurde dafür durch einen Öltank ersetzt.

015/016
Die 01 0522-1 beim Wasser fassen. Die Ziffern auf den Lokschildern sind unterschiedlich. Die Lokomotiven der Baureihe 01^5 standen ihren westdeutschen Schwestermaschinen, die ebenfalls modernisiert und mit neuen Kesseln ausgerüstet wurden, in nichts nach. Glücklicherweise sind einige dieser formschönen Loks der Nachwelt erhalten geblieben, einige davon sogar betriebsfähig.

015

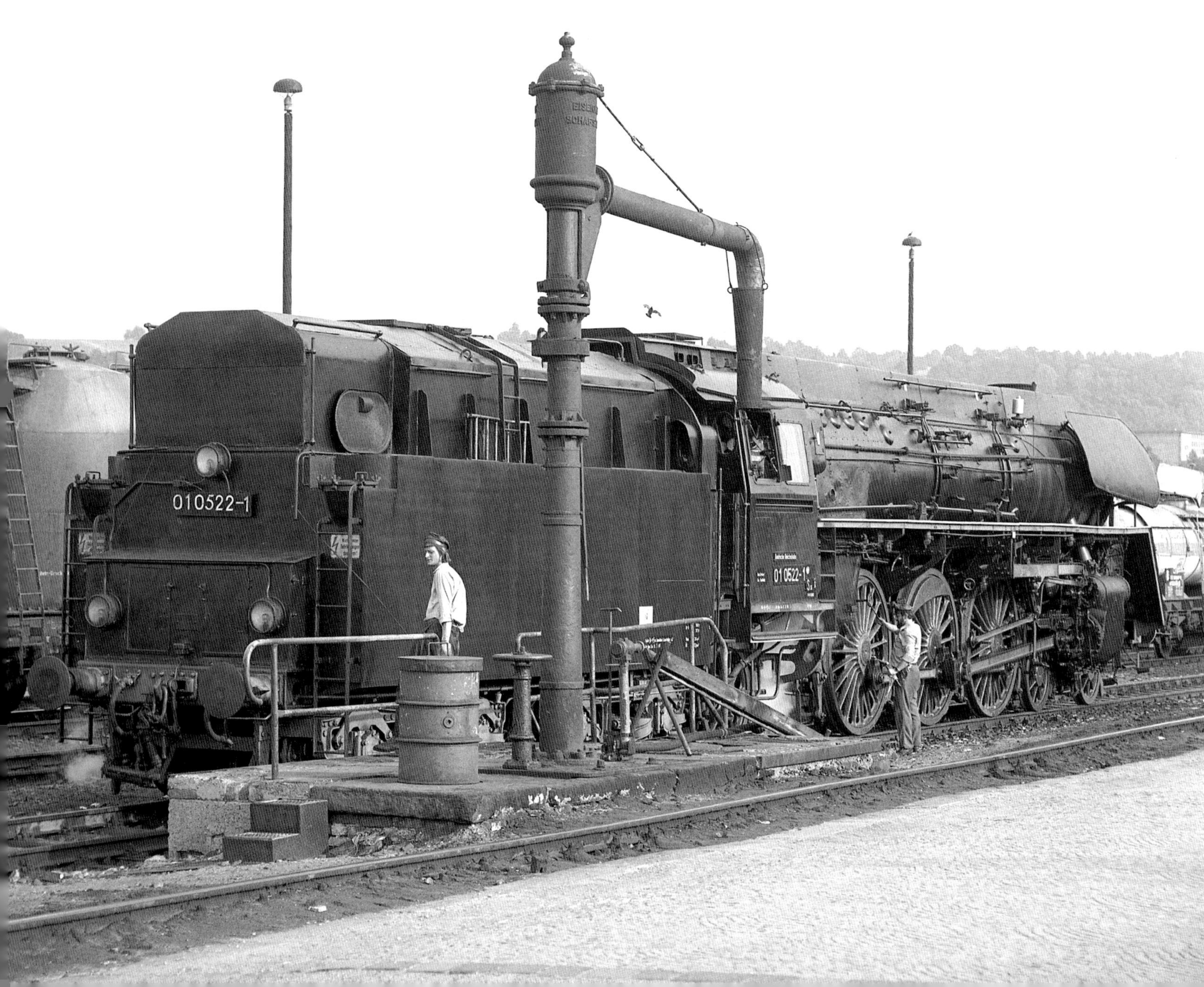

016

017
In wenigen Augenblicken wird das Flügelsignal »Ausfahrt frei« zeigen. Etwas misstrauisch blickt der Heizer zum Fotografen aus dem nicht-sozialistischen Ausland, der ihn zusammen mit seiner Lok ablichtet.

NORMALSPUR

Baureihe 35

Baureihe 35

Das Neubauprogramm der DR für Dampfloks umfasste auch eine 1'C1'-Schlepptenderlokomotive, die als Ersatz für die ehemalige preußische P 8 (Baureihe 38^{10-40}) gedacht war. Aus Gründen der rationellen Fertigung und Unterhaltung wurde die Baugleichheit möglichst vieler Teile mit den Neubauloks der Baureihe 50^{40} angestrebt. Die neue Lok, die zuerst als Baureihe 23^{10} eingereiht wurde, entwickelte eine um 45% bis 60% höhere Zugkraft im Vergleich mit der P 8. Innerhalb von zwei Jahren fertigte der VEB Lokomotivbau »Karl Marx« Babelsberg 113 Exemplare der neuen Personenzuglokomotive. Die Maschinen bewährten sich gut und waren bei den Personalen sehr beliebt wegen ihrer Anfahrzugkraft, ihrer Laufruhe und ihrer geringen Schleuderneigung vor schweren Zügen. Mit der Einführung der EDV-gerechten Nummerierung zum 1. Januar 1970 erhielten die Lokomotiven die neuen Betriebsnummern 35 1001 bis 1113. Anfang der Achtzigerjahre waren nur noch einzelne Exemplare im Betrieb.

018
Als der Autor im Juli 1981 nach Nossen kam, war er zuerst sehr enttäuscht, weil der Traktionswechsel von Dampf auf Diesel offensichtlich schon weit fortgeschritten war. War er doch zu spät in die DDR gekommen? Die meisten der abgestellten Dampflokomotiven waren aber noch betriebsfähig und wurden kurze Zeit später wegen der Ölkrise wieder in Betrieb genommen. Dazu zählte auch die Nossener Traditionslok 35 1113.

019
Hinter der 35 1113 stehen noch drei Loks der Baureihen 50 und 50^{35}, ebenfalls vorübergehend kalt abgestellt.

018

NORMALSPUR

Baureihe 38^2

020

021

Baureihe 38^2

Die Sächsischen Staatseisenbahnen benötigten im Jahr 1916 dringend eine neue leistungsfähige Personenzuglok. Man entschied sich für eine Lokomotive mit der Achsfolge 2'C, welche die Sächsische Maschinenfabrik, vormals Richard Hartmann, baute. Es wurden 169 Maschinen beschafft. Die leistungsstarken und robusten Lokomotiven bewährten sich sehr gut und erhielten schnell den Beinamen »Sächsischer Rollwagen«. Die DRG reihte sie als Baureihe 38^2 ein. Nach dem Zweiten Weltkrieg verblieben bei der DB nur einzelne Exemplare, die schon bald ausgemustert wurden. Die DR führte dagegen noch etwas mehr als 70 Maschinen im Unterhaltungsbestand. Bis 1969 standen sie dort noch im Plandienst. In den Siebzigerjahren wurden sie nach einer Betriebszeit von mehr als 50 Jahren ausgemustert.

022

023

020/021/022/023
Drei Jahre nach seinem ersten Besuch 1981 hatte der Autor viel Glück, als völlig unerwartet, der »Rollwagen« 38 205 in Nossen vorbeikam. Die damals noch einzige betriebsfähige Lokomotive dieser Baureihe war unterwegs nach Radebeul zur Fahrzeugausstellung wenige Tage später. Leider ist diese Traditionslok wegen abgelaufener Kesselfrist nicht mehr betriebsfähig. Wegen der hohen Kosten ist eine Aufarbeitung momentan nicht vorgesehen, aber die 38 205 wird museal für die Nachwelt erhalten.

NORMALSPUR

Baureihe 41

Baureihe 41

Die Baureihe 41 mit der Achsfolge 1'D1' gehört zu den Einheitslokomotiven und gilt bis heute als eine sehr gelungene Konstruktion. Anfänglich wurde eine größere Serie in Auftrag gegeben, aber kriegsbedingt stagnierte die Abnahme der schnellen Güterzuglokomotiven zunehmend und im Januar 1941 wurden die bereits vergebenen Aufträge storniert. Insgesamt wurden 366 Loks fertiggestellt. Die leistungsfähigen Maschinen waren universal einsetzbar vor Personen- und Güterzügen. Leider zwang der nicht alterungsbeständige Kesselbaustahl St47K schon bald zu einer Reduzierung des Kesseldruckes von 20 auf 16 kp/cm², womit die BR 41 einiges von ihrer Leistungsfähigkeit einbüßte. Der Verschleiß der Kessel konnte dadurch zunächst verlangsamt werden. Von den bei der DB verbliebenen 216 Maschinen wurden 107 Fahrzeuge modernisiert und mit vollständig geschweißten Hochleistungskesseln versehen. Die Wagner-Windleitbleche wurden durch solche der Bauart Witte ersetzt. Außerdem wurden 40 Exemplare auf Ölhauptfeuerung umgebaut und ab 1968 als Baureihe 042 geführt. Während die Loks mit Kohlefeuerung bereits bis 1968 aus dem Betriebsbestand ausgeschieden waren, wurde die letzte ölgefeuerte Maschine erst im Herbst 1977 ausgemustert. Bei der DR verblieben nach dem Krieg 122 Maschinen, von denen die 41 076 an die PKP und die 41 034 und 41 082 an die SZD abgegeben wurden. Wegen der Schadanfälligkeit der aus St47K gefertigten Kessel rüstete die DR 21 Lokomotiven mit neuen geschweißten Nachbau-Ersatzkesseln aus. Auch hier ersetzten Witte- die Wagnerbleche. Später wurden 80 Maschinen rekonstruiert, wobei sie mit dem Neubaukessel ausgerüstet wurden, den auch die Maschinen der Baureihe 03^{10} bei ihrer Rekonstruktion erhielten. Die meisten wurden bis Ende der Siebzigerjahre abgestellt. Die Ölkrise 1979 bescherte aber etlichen Maschinen der Baureihe 41 eine Rückkehr in den Betriebsdienst. Sogar einige zur Zerlegung vorgesehene Lokomotiven wurden in Meiningen wieder aufgearbeitet. Die letzte 41er schied erst im Mai 1988 aus dem Plandienst aus. Die Baureihe 41 war die vielseitigste Dampflokomotive im Triebfahrzeugpark der beiden deutschen Staatsbahnen und beförderte neben Güter- und Personenzügen auch hochwertige Schnell- und Eilzüge.

024

024/025
Im August 1985 wurde Saalfeld nur noch von sehr wenigen Dampfzügen angefahren. Hier ist die 41 1150-6, aus Rudolstadt kommend, mit einem Güterzug auf der Saalebahn unterwegs nach Saalfeld. Wie die anderen Einheitsloks der Baureihen 01, 03, 03^{10}, 50 und die Kriegsmaschinen der Baureihe 52 wurden auch die 41er ins Rekoprogramm aufgenommen.

025

026
Die Lokomotiven der Baureihe 41 waren ziemlich universal einsetzbar und beförderten sowohl Personen- als auch Güterzüge. Hier zieht die 41 1150-6 einen schweren Güterzug nach Rudolstadt.

027
41 1182-9 bei der Einfahrt in Saalfeld, das zu dieser Zeit schon weitgehend verdieselt war. Außer einer Heizlok der Baureihe 44 auf dem Abstellgleis, ist die 41er die einzige Dampflok.

028
Die 41 1182-9 fährt langsam rückwärts, um an die Drehscheibe zu gelangen. Sie soll für die nächste Fahrt noch gedreht werden.

NORMALSPUR

Baureihe 44

Baureihe 44

Mit einem Beschaffungszeitraum von 1926 bis 1949 ist die Baureihe 44 die am längsten gebaute Einheitslokomotive. Für die Deutsche Reichsbahn wurden im Zeitraum von 1926 bis 1945 nicht weniger als 1.753 Maschinen hergestellt. Aber auch nach 1945 entstanden noch weitere Exemplare aus bereits vorhandenen Teilen. Die Gesamtzahl der gebauten Lokomotiven der Baureihe 44 beträgt 1989 Stück. Die Drillingsmaschinen wurden überwiegend im schweren Güterzugdienst eingesetzt und haben sich während ihrer ganzen Betriebszeit ausgezeichnet bewährt. Die Deutsche Bundesbahn hatte nach dem Zweiten Weltkrieg 1.242 Maschinen im Einsatzbestand. Im Laufe der Zeit wurden die großen Wagnerbleche durch solche der Bauart Witte ersetzt. Über 60 Loks wurden 1964 und 1965 auf Ölhauptfeuerung umgestellt und erhielten ab 1968 die Baureihenbezeichnung 043. Die kohle- und ölgefeuerten Loks konnten sich fast gleich lang im Betrieb halten, die letzten musterte die DB 1977 aus. Mit 335 Exemplaren gelangten nur etwa 20% des einstigen Bestandes der Baureihe 44 nach dem Zweiten Weltkrieg zur DR. Hier bildeten sie für Jahrzehnte das Rückgrat des schweren Güterzugdienstes. Die Windleitbleche der Bauart Witte kamen auch bei der DR zum Einsatz. Ende der Fünfzigerjahre entschloss man sich 31 Lokomotiven dieser Baureihe zu modernisieren und mit Ölhauptfeuerung zu versehen.

Kurze Zeit später ließ die DR weitere 100 Maschinen im Reichsbahnausbesserungswerk Meiningen auf Ölhauptfeuerung umbauen. Sie erhielten Witte-Windleitbleche und waren bis in die Achtzigerjahre in Betrieb.

029
Mit einem schweren Güterzug aus Rudolstadt erreicht die ölgefeuerten 44 0104-9 Saalfeld (Juli 1981).

030
Nachschuss auf 44 0104-9 bei der Einfahrt in den Bahnhof Saalfeld.

031
Die Lok fährt jetzt zum Güterbahnhof, um dort einen Güterzug nach Pößneck zu übernehmen.

032

033

032/033
Wie bei der DB wurden die starken Einheitsloks der Baureihe 44 auch bei der DR überwiegend im schweren Güterverkehr eingesetzt. Nach Ergänzung der Sandvorräte fährt die Lokomotive mit der Betriebsnummer 44 0221-0 zum Wenden auf die Drehscheibe.

034
Lok 44 0231-9 ist mit einem leeren Güterzug in Saalfeld eingefahren.

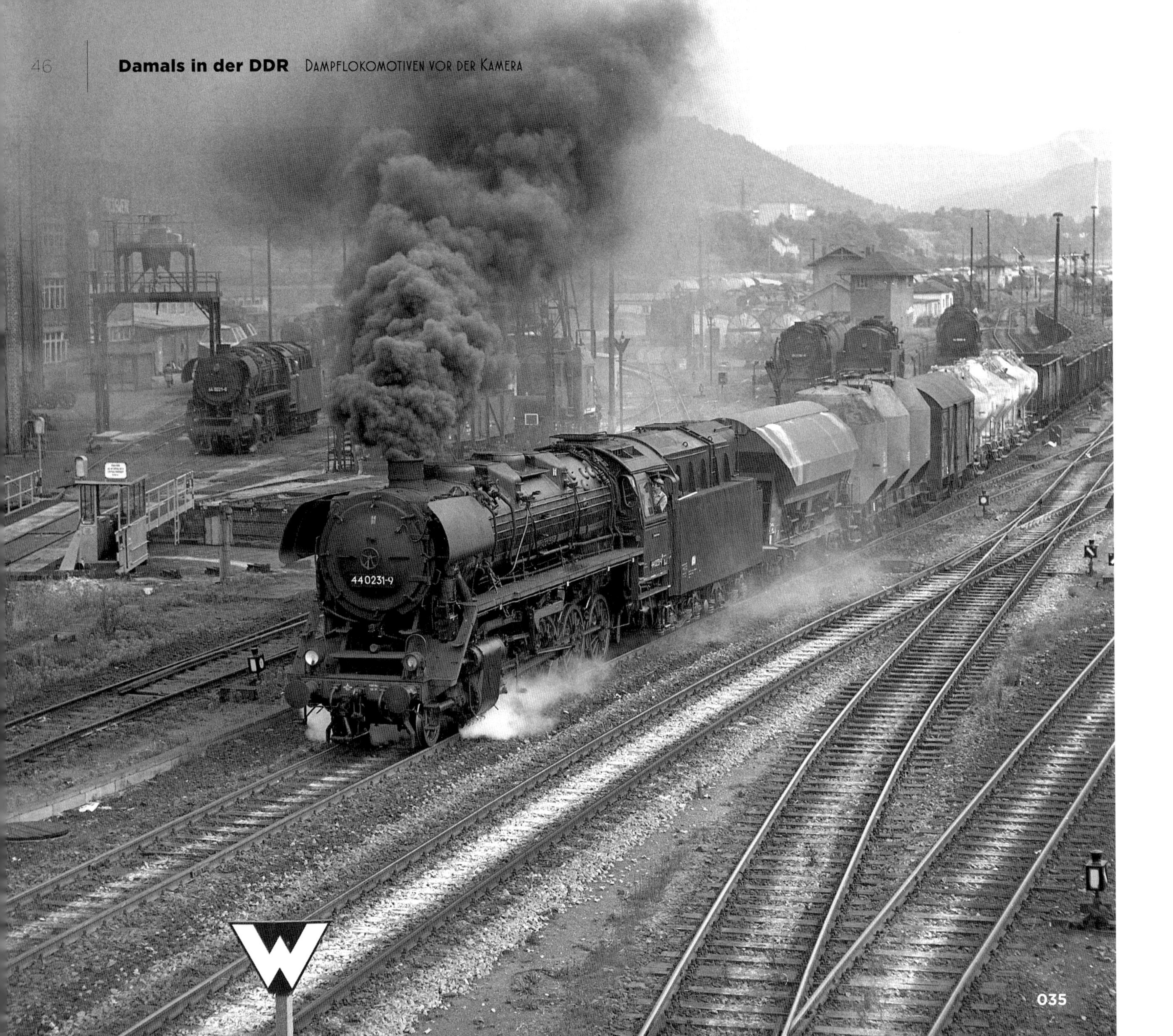
44 0231-9
035

036

035/036
Die nächste Aufgabe für 44 0231-9 besteht darin, einen Güterzug nach Pößneck zu bringen. Es muss mit voller Kraft beschleunigt werden, weil bis Unterwellenborn eine Steigung zu überwinden ist.

037
Die 44 0233-5 hat soeben Wasser genommen und fährt jetzt zum Bw.

038
Die Drehscheibe in Saalfeld war ständig im Einsatz. Die 44 0413-3 ist gerade gewendet worden.

039
Die Kraftprotze der Baureihe 44 trugen die Hauptlast des Güterverkehrs. Die Ölhauptfeuerung erhöhte die Gesamtleistung der Maschine und erleichterte die körperliche Arbeit für den Heizer erheblich.

040
Die Öltender der Baureihe 44 entsprachen denen der ölgefeuerten Lokomotiven der Baureihe 01^5. Auch die 44 0413-3 hatte auf der Rückseite des Tenders ein Nummernschild mit abweichenden Ziffern.

041
Diese Aufnahme vermittelt einen Blick auf die Kesselaufbauten, die Sicherheitsventile und den Öltender.

042
In Westdeutschland war die Einsatzzeit der 44er im Jahr 1977 endgültig zu Ende gegangen, bei der DR standen sie noch bis in den Achtzigerjahren im Einsatz. Als dann die Sowjetunion die Rohölpreise dramatisch erhöhte, wurden einige ölgefeuerten Maschinen auf Kohlefeuerung zurückgebaut.

043
Die Lok fährt zum Güterbahnhof, um dort eine neue Aufgabe zu übernehmen.

044
Die Kraftentfaltung der Dampfloks begeistert immer wieder. Die 44 0413-3 hat sich mit ihrem Güterzug in Bewegung gesetzt und wird jetzt hart arbeiten müssen, um die Steigung nach Unterwellenborn zu meistern.

043

044

045
Lok 44 0600-5 fährt zum Bw, um gedreht zu werden. Im Hintergrund ist vor der abgestellten 44er eine ausgemusterte Lok der Baureihe 58 zu erkennen.

046/047
Lok 44 0601-3 beim Wasserfassen. Auf diesen Bildern ist erkennbar, dass die Ziffern der Lokschilder auf dem Lokführerhaus und der Rückseite des Tenders unterschiedlich sind.

047

048

048
44 0601-3 steht auf der Saalfelder Drehscheibe, die ständig im Einsatz war.

049
Die bestens gepflegte Maschine hat die Drehscheibe verlassen und fährt über die Weiche in Richtung Güterbahnhof.

44 0601-3
44 0601-3

050
44 0601-3 fährt jetzt rückwärts zum Güterbahnhof an den Zug. Dafür muss der Heizer eine Weiche bedienen.

051
44 0757-3 steht am Wasserkran. Dank des regen Dampfbetriebes war diese Aktivität mehrmals pro Stunde zu beobachten (Juli 1981).

052
Obwohl Anfang der Achtzigerjahre die Dieselloks auch in Saalfeld schon Einzug gehalten hatten, waren Dampfloks noch allgegenwärtig und die meisten Zugleistungen waren dampfgeführt. Während Lok 44 0413-3 unter der Besandungsanlage ihren Sandvorrat ergänzt, rangiert 44 0851-6 mit einem Kesselwagen und einem Rungenwagen.

053
Ein Güterzug, geführt von 44 0851-4, verlässt Saalfeld in Richtung Unterwellenborn.

054
Nur wenige Jahre später, im August 1985, sah in Saalfeld alles anders aus, denn der Traktionswechsel war bereits weit vorangeschritten. Die einzige noch vorhandene Dampflokomotive war 44 1378-7, eine der letzten kohlegefeuerten 44er. Sie wurde für Heizzwecke genutzt und fuhr aus eigener Kraft zu ihrem Einsatzort. Um die Rauchrohre wieder freizumachen, wurde sie ab und zu noch im Streckendienst eingesetzt.

055
Unweit von Radebeul standen noch einige Normalspurdampfloks herum, allerdings kalt abgestellt. Eine davon war die kohlegefeuerte 44 1393-6, die möglicherweise noch betriebsfähig war.

NORMALSPUR

Baureihe 50

Baureihe 50

Die ab 1939 gebauten Einheitslokomotiven der Baureihe 50 zählen zu den gelungensten Konstruktionen der Deutschen Reichsbahn. Bis 1948 fertigten nahezu alle europäischen Lokomotivfabriken insgesamt 3.164 Maschinen. Dank der niedrigen Achslast konnten sie auch auf Nebenbahnen mit leichterem Oberbau verkehren. Da es im Nebenbahnnetz nicht überall für derartig lange Maschinen ausreichende Drehscheiben gab, wurden die Lokomotiven für eine Geschwindigkeit von 80 km/h in beide Richtungen ausgelegt. Deshalb wurde die Vorderseite des Tenders mit einer Schutzwand mit Fenstern versehen.

Trotz der Kriegsverluste waren nach dem Zweiten Weltkrieg noch sehr viele Maschinen übriggeblieben. Die Deutsche Bundesbahn übernahm 2.159 Loks in ihren Bestand. Sie waren in allen Direktionen zu finden und bildeten, zusammen mit der Baureihe 44, lange Zeit das Rückgrat des Güterverkehrs. Sie wurden auch im Personenverkehr eingesetzt. Die großen Wagner-Windleitbleche wurden durch solche der Bauart Witte ersetzt. Wegen Schadanfälligkeit der Originalkessel erhielten über 600 Maschinen Kessel aus ST34-Stahl ausgemusterter Kriegsloks der Baureihe 52. Auch Wannentender der Kriegslokomotiven wurden bei der Baureihe 50 weiterverwendet. Bei 735 Loks wurde der Tender mit einer Zugführerkabine ausgerüstet. Die letzten Maschinen waren im Bw Duisburg-Wedau beheimatet und wurden erst Anfang 1977 ausgemustert.

Der Deutschen Reichsbahn verblieben nach dem Zweiten Weltkrieg nur 350 Exemplare der Baureihe 50. Davon wurden 208 Stück zur Baureihe 50^{35} umgebaut, wobei u.a. neue geschweißte Hochleistungskessel eingebaut wurden.
Die Altbaulokomotiven wurden seit Mitte der Siebzigerjahre verstärkt ausgemustert und waren in den Achtzigerjahren nur noch vereinzelt im Einsatz. Die Loks haben sich bei der DR ebenso gut bewährt wie bei der DB.

056
Beim Besuch in Nossen im August 1983 waren manche Dampfloks betriebsfähig abgestellt, doch trugen sie bereits wieder Lokschilder, weil ihre Wiederinbetriebnahme vorgesehen war. Bei 50 1002-0 fehlte allerdings die Treibstange.

057
Die großen Wagnerbleche der Nossener 50 1002-0.

058
Beim erneuten Besuch in Nossen im August 1984 waren viele der vorher noch abgestellten Loks wegen Ölmangels wieder im Dienst, darunter auch die Nossener Traditionslok 50 1002-0.

059
Während einer Betriebspause qualmt die 50 1002-0 ruhig vor sich hin. Der Lokführer verlässt gerade das Führerhaus, vielleicht um die Gelegenheit zu nutzen und sich eine Tasse Kaffee zu besorgen.

060
Bei der DB wurden die großen Wagner-Windleitbleche schon bald nach dem Krieg durch die der Bauart »Witte« ersetzt. Die Nossener 50 1002-0 behielt die Wagnerbleche und sieht damit noch fast aus wie im Auslieferungszustand.

060

061
Auf dem Bahnsteig steht anscheinend die Zeit still. Nur das Lokschild lässt erahnen, dass die Aufnahme nicht schon in den Dreißigerjahren, sondern erst nach 1970 entstand.

062
Mit viel Qualm und Lärm macht sich 50 1002-0 mit ihrem Personenzug auf den Weg nach Meissen.

063
Drei Jahre zuvor, im Juli 1981, war der Einsatz der Dampfloks in Nossen stark zurückgegangen, und die meisten Loks der Baureihe 50 waren, obwohl sie noch betriebsfähig waren, kalt abgestellt. Hier die 50 1298-4, die noch mit einem originalen Vorwärmer ausgerüstet war. Die Loks wurden aber später wieder reaktiviert, nachdem die Preise für Rohöl durch die Sowjetunion dramatisch erhöht worden waren. Dadurch wurden viele Dieselloks aus dem Betrieb genommen und durch Dampfloks ersetzt.

50 3552-2

50 3551-4

NORMALSPUR

Baureihe 50^{35}

BR 50^{35}

Mit nur 350 Lokomotiven verblieb der DR nach dem Krieg nur ein kleiner Teil des einstigen Gesamtbestandes der Baureihe 50. Die Kessel einiger Einheitslokbaureihen bestanden aus nicht alterungsbeständigem Stahl ST47K und auch bei der Baureihe 50 häuften sich die Kesselschäden, wodurch viele Maschinen abgestellt werden mussten. Weil die DR auf die Loks noch lange nicht verzichten konnte, entschloss man sich 208 Loks dieser Reihe zu modernisieren. Dabei wurden leistungsfähigere und etwas sparsamere Kessel mit Mischvorwärmern eingebaut. Die Kessel waren u.a. tauschbar mit denen der Baureihen 52, 03, und 41. Hersteller der Ersatzkessel waren das Raw Halberstadt und der VEB Schwermaschinenbau »Karl Liebknecht« Magdeburg. Der kantige Kasten des Mischvorwärmers auf dem Rauchkammerscheitel wurde zum charakteristischen Erkennungsmal der Rekoloks. Einige Loks erhielten außerdem einen Giesel-Flachejektor. Die umgebauten Loks der Reihe 50 wurden eingeordnet in die neue Unterbaureihe 50^{35}. Ab 1966 wurden mehr als 70 Exemplare auf Ölhauptfeuerung umgebaut. Sie bekamen die Baureihenbezeichnung 50^{50}. Die Rekoloks der BR 50^{35} standen bis zum Ende der Dampftraktion bei der DR im Einsatz.

064/065
Auch in Halberstadt waren im August 1983 noch viele Loks dieser Baureihe im Einsatz. Die 50 3512-6 hat ihren Kohlenvorrat aufgefüllt und wird einige Rangierfahrten absolvieren müssen, um an ihren Zug zu gelangen.

066
Ein Güterzug aus Gersdorf wird bald in Nossen eintreffen (August 1984).

064

065

066

067
Derselbe Güterzug, geführt von 50 3551-4, bei der Einfahrt in Nossen.

068
Auch 50 3551-4 war in Nossen wieder in Dienst gestellt worden. Mit Diesellokomotiven wurde möglichst wenig gefahren, um Dieselkraftstoff zu sparen, weil die Preise für Rohöl inzwischen in die Höhe gegangen waren. Im Hintergrund ist eine Diesellok der Baureihe 110 abgestellt, daneben wartet qualmend 50 1002-0 auf ihre nächsten Aufgaben.

50 3551-4
068

069
Wie viele ihrer Schwestern war die 50 3667-6 im Juli 1981 noch betriebsfähig abgestellt, wurde aber später wieder in Betrieb genommen.

070/071
Damals gab es schon Lokschildsammler, weshalb die Lokschilder bei den abgestellten Loks abgenommen wurden. Um zu vermeiden, dass »Lokfans« ins Führerhaus gelangten, waren die Griffstangen mit Fett eingeschmiert. Die meisten der abgestellten Loks gehörten zu den Baureihen 50 oder 50^{35}.

070

071

072/073
Diese Lok der Baureihe 50 hatte Anfang 1981 noch eine Hauptuntersuchung erhalten, war aber mit fehlender Treibstange nicht betriebsfähig abgestellt.

074/075
Eine idyllische Eisenbahnatmosphäre herrschte vielerorts, auch in Nossen. Die Drehscheibe mit Drehscheibenwärter und der Rundschuppen sind Zeugen einer anderen Zeit. Zur Freude zahlloser Dampflokfans blieben diese Anlagen in Nossen erhalten und werden bei Plandampfveranstaltungen genutzt. Viele Dampfloks wurden nach ihrer Ausmusterung noch als Heizlok gebraucht. Die Nossener Heizlok der Baureihe 52 ist mit einem Tender der BR 50^{35} gekuppelt.

077

078

076
So manches Mal musste improvisiert werden. Anscheinend ist die obere Frontlaterne der 50 3551-4 einer Lampe der Triebwerksbeleuchtung gewichen.

077
Im Juli 1981 fährt die 50 3552-2 noch mit ihrem Schneeräumer durchs Harzvorland. Mit einem Güterzug nach Ilsenburg steht sie am Bahnsteig in Wernigerode und wartet auf die Einfahrt des Personenzugs aus Ilsenburg. Danach beginnt ihre Fahrt auf der eingleisigen Nebenbahn.

078
Die meisten Loks bei der DB bekamen im Laufe der Zeit kleinere Lampen, bei der DR wurden die alten Laternen beibehalten. Etwa 70 Loks erhielten einen Giesel-Flachejektor, dazu zählte aber nicht die Halberstädter 50 3557-1. Im August 1983 wartet sie auf Erlaubnis, um sich an ihren Güterzug zu setzen.

079
Auf einem Werksanschlussgleis wartet die Halberstädter 50 3557-1 mit einem leeren Güterzug am Haken auf das Abfahrtsignal.

080
Die Rekoloks der Baureihe 50^{35} galten als sehr gelungene Konstruktionen und standen bis zum Ende des Dampfbetriebes in der DDR im Einsatz. Dank ihrer vergleichsweise geringen Achslast konnten sie auch auf den vielen Nebenbahnen mit leichterem Oberbau eingesetzt werden.

081
Damals gab es in Gernrode, neben der Schmalspurstrecke in Richtung Alexisbad, auch noch die Normalspurgleise der Bahnlinie Frose–Quedlinburg. 50 3562-1 aus Halberstadt ist soeben mit dem Tender voran in Gernrode eingefahren. Der Abschnitt Quedlinburg–Gernrode wurde vor einigen Jahren auf Meterspur umgebaut und wird jetzt von der HSB befahren.

082
Diese Aufnahme vermittelt ein gutes Bild von der schlechten Gleislage in Gernrode, weshalb es hier eine Langsamfahrstelle gibt, übrigens keine Seltenheit in der DDR. Der Lokführer muss sehr langsam fahren, um eine Entgleisung zu vermeiden. Viele Strecken der DR waren in den späten Achtzigern marode und wurden in den folgenden Jahren aufwendig saniert – falls sie nicht zuvor stillgelegt worden waren.

083
Die DR musste sich häufig mit minderwertiger Kohle begnügen, was zu einem erhöhten Kohlenverbrauch führte und die körperliche Arbeit des Heizers wesentlich erschwerte. Um mehr Kohle mitführen zu können, wurden die Kohlebehälter auf den Tendern der Rekoloks der BR 50^{35} mit Aufsetzbrettern nach oben erhöht.

084
50 3562-1 setzt rückwärts an den Zug. Im Hintergrund erkennt man die Anlagen des Bw Halberstadt mit weiteren Loks der BR 50^{35}.

085
Die Rekoloks bewährten sich bestens und zählten zu den gelungensten Dampflokkonstruktionen in Deutschland.

086
Lokführer und Heizer der 50 3562-1 haben noch Zeit für ein Schwätzchen, bevor sie eine neue Aufgabe übernehmen.

087 088

087
Die DR war damals der größte Arbeitgeber in der DDR. Auch viele Frauen arbeiteten im Betriebsdienst. Eine davon füllt gerade den Bremszettel aus.

088
Ausfahrt frei! Die Lok setzt sich mit ihrem Personenzug in Bewegung.

089
Loks der Baureihe 50^{35} waren in den Achtzigern noch vielerorts anzutreffen. Seit der Ölkrise trugen die Dampflokomotiven des Bw Nossen in dieser Region wieder die Hauptlast des Güterverkehrs. Während einer kurzen Betriebspause wurde 50 3565-4 im Güterbahnhof abgelichtet. (August 1984).

089

090
50 3581-1, eine der 208 rekonstruierten Loks der Baureihe 50, wartet im Nossener Bw auf neue Aufgaben.

091
Die 50 3581-1 wird gleich einen Personenzug nach Lommatzsch überführen. Im Hintergrund ein ausgemusterter Tender der BR 50.

092
Mit viel Dampf rangiert 50 3581-1 am Nossener Stellwerk an ihren Personenzug.

093
Der Personenzug nach Lommatzsch steht abfahrbereit am Bahnsteig in Nossen.

094
Ausfahrt des Personenzugs, geführt von 50 3581-1.

095
50 3629-8 passiert mit ihrem Güterzug den Wasserturm in Halberstadt.

096
Dieselbe Lok nähert sich mit ihrem Zug langsam dem Bahnsteig. Im Gleisverlauf ist ein Knick erkennbar, die Lok muss sehr behutsam geführt werden, um nicht zu entgleisen.

097
Der Lokführer muss das Signal abwarten, bevor es weiter zum Rangierbahnhof geht.

098
50 3684-3 steht mit einem Güterzug im Bahnhof Gernrode. Der freundliche Lokführer bat den Autor auf den Führerstand und gab ihm Auskunft über die Bedienung dieser Dampflokomotive. Das war ein großartiges Erlebnis.

099
Nachdem aus der Gegenrichtung der Personenzug, bestehend aus einer Ferkeltaxe, angekommen ist, kann 50 3684-3 über die eingleisige Strecke weiterfahren. Wegen Reparationsleistungen an die Sowjetunion wurde nach dem Zweiten Weltkrieg auf vielen Strecken das zweite Gleis abgebaut. Erst einige Jahre nach der Wende konnten die meisten Hauptstrecken wieder zweigleisig befahren werden.

NORMALSPUR

Baureihe 52

Baureihe 52

Die Kriegslokomotiven der Baureihe 52 wurden während des Krieges in größeren Stückzahlen gebaut, es entstanden mehr als 6.000 Maschinen. Die von der Wehrmachtsführung gestellte Forderung nach einer erheblichen Steigerung der Lokomotivproduktion konnte von der Industrie nur durch die zahlreichen Vereinfachungen in der Fertigung erreicht werden.

Da die Loks nur für einen kurzen Einsatzzeitraum gedacht waren, wurde u.a. auf Vorwärmer, Speisedom und Windleitbleche verzichtet. Die Konstruktion der Kriegslok basierte auf der Baureihe 50, welche aus 6.000 Einzelteilen bestand. Bei der Baureihe 52 waren es nur noch 5.000, wovon 3.000 gegenüber der BR 50 vereinfacht waren. Eine 52er benötigte beim Bau 26 t Material und 6.000 Arbeitsstunden weniger als eine 50er. Auch der Bedarf an Buntmetallen wurde stark reduziert. Die Lokomotiven waren mit dem Steifrahmentender 4 T30, die meisten aber mit dem Wannentender der Bauart 2'2' T30 gekuppelt. Ein Faltenbalg dichtete den Raum zwischen Führerhaus und Tender ab. Für den Einsatz an der Ostfront erhielten die 52er umfangreiche Frostschutzeinrichtungen.
Hier kamen auch die Kondensationslokomotiven zum Einsatz. Sie waren mit fünf- bzw. vierachsigen Kondenstendern der Bauarten 3'2'T16 Kon. bzw. 2'2'T13,5 gekuppelt. Die Tender waren von Henschel hergestellt worden. Damit waren längere Streckenfahrten ohne Wasserfassen möglich.

Nach Angaben von Michael Reimer und Dirk Endisch wurden für die DRG insgesamt 6.204 Lokomotiven gebaut. Einschließlich aller Nachkriegsbauten wurden 6.719 Exemplare der BR 52 hergestellt. Sie waren fast in ganz Europa anzutreffen. Nach dem Zweiten Weltkrieg verblieben bei der DB noch etwa 2.400 Maschinen, die aber schon bald ausgemustert wurden. Die Kessel wurden genutzt, um Kessel aus nicht alterungsbeständigem Stahl ST47K der Baureihe 50 zu ersetzen. Auch viele Wannentender wurden bei der Baureihe 50 weiterverwendet.

100
Im August 1983 begegnen wir 52 4924-8 vor einem Bauzug. Sie ist eine der damals schon seltenen Loks der Baureihe 52, die ihren originalen Kessel und die eckigen Frontfenster behalten hatten. Die Lok befindet sich fast noch im Auslieferungszustand. Zum Zeitpunkt der Aufnahme steht sie mit einer Dienstzeit von etwa 40 Jahren schon erheblich länger im Einsatz als bei ihrem Bau geplant.

101
Lokführer und Heizer haben es nicht eilig und werden noch ziemlich lange warten müssen, bis die Weiterfahrt freigegeben wird. Für den harten Einsatz in Russland wurde das Führerhaus der Kriegsloks damals geschlossen ausgeführt.
Das verbesserte den Komfort für Lokführer und Heizer erheblich, besonders im Winterbetrieb.

52 4924-8
101

Im Sommer 1945 zählte die DR nicht weniger als 1364 Lokomotiven, von denen allerdings viele an die Sowjetunion und Polen abgegeben werden mussten. Im Jahr 1962 konnte die Reichsbahn 60 Maschinen von der UdSSR übernehmen. Diese Lokomotiven befanden sich allerdings in einem schlechten Unterhaltungszustand. Anfang der Sechzigerjahre verfügte die DR noch über 684 Maschinen, womit die Baureihe 52 mit Abstand die häufigste Dampflokgattung der DR darstellt. Gemeinsam mit den rund 300 Loks der Baureihe 50 bildeten sie das Rückgrat im mittelschweren Güterzugdienst. Während die bei der DB verbliebenen Maschinen schon in den Fünfzigerjahren ausgemustert wurden, konnte die DR nicht auf die Maschinen verzichten.
Die reichlich in der DDR vorhandene Braunkohle führte ab 1951 zum Umbau von 29 Lokomotiven der Baureihe 52 auf Kohlenstaubfeuerung, wobei sie die Baureihenbezeichnung 52^{90} erhielten. Sie wurden bis 1978 im Braunkohlentagebaugebiet der Region Senftenberg eingesetzt. Weitere 200 Loks der Baureihe 52 wurden ins Rekoprogramm einbezogen und grundlegend modernisiert. Diese Rekoloks wurden als Baureihe 52^{80} eingereiht und waren bis zum Ende der Dampftraktion in der DDR im Einsatz. Die Zahl der nicht umgebauten Altbau-Maschinen schrumpfte bis 1982 auf 33 Exemplare.
In den meisten Bahnbetriebswerken dienten sie nur noch als Reserveloks. Manchmal wurden sie auch als Heizungslokomotiven genutzt. Glücklicherweise entgingen einige dem Schneidbrenner und haben überlebt.

102

103

102/103/104
In den Achtzigerjahren waren Rekoloks der Baureihe 52^{80} in der DDR noch allgegenwärtig. Lokomotiven mit Originalkessel wurden allerdings immer seltener. Eine davon, 52 6721-6, ist mit einem Güterzug in Kamenz angekommen, kuppelt ab, setzt zurück und wird bald eine neue Aufgabe übernehmen (Juli 1981).

104

52 8090-4

Deutsche Reichsbahn
52 8107-6

528123-3

NORMALSPUR

Baureihe 52^{80}

Baureihe 52^{80}

Nach Kriegsende verblieben mehr als 1.300 Lokomotiven der Baureihe 52 bei der DR.
Die Kriegsloks waren nur für wenige Jahre Einsatz gedacht und schon bald sorgten die starken Vereinfachungen für einen enormen Unterhaltungsaufwand. Weil auf die Loks nicht verzichtet werden konnte, entschloss sich die DR, 200 Maschinen der BR 52 in ihr Rekoprogramm mitaufzunehmen. Dabei wurden moderne Hochleistungskessel mit Mischvorwärmern eingebaut, die zu schwach dimensionierte Baugruppen wurden ersetzt und die Loks bekamen neue Zylinder in Schweißausführung. Die Rekonstruktion erfolgte im Raw Stendal, nachdem die Loks eine neue Baureihenbezeichnung bekamen: BR 52^{80}. Die grundlegend modernisierten Lokomotiven erwiesen sich als äußerst zuverlässig und waren bis zum Ende der Dampftraktion in der DDR im Einsatz. Die letzten Exemplare erlebten nach der Wende sogar noch die Umzeichnung zur Baureihe 052. Nicht weniger als 120 Stück sind erhalten geblieben, manche davon sogar betriebsfähig.

105/106
In Löbau hat der Lokführer der 52 8003-7 »Ausfahrt frei!« erhalten, um einen Güterzug nach Schlauroth zu bringen. Beim Beschleunigen nutzt er die Sandungsanlage, um das Durchdrehen der Treibräder zu vermeiden (August 1985).

106

107
Im strömenden Regen ist Lok 52 8008-6 soeben mit einem Personenzug in Elsterwerda eingetroffen (August 1983).

108
Die Lok ist abgekuppelt und wird zum Bw fahren, um Wasser und Kohle zu fassen. Im Hintergrund wartet die 52 8111-8 schon darauf, den Personenzug zu übernehmen.

109
Die 52 8008-6 wird bekohlt. Die Qualität der Kohle ließ häufig zu wünschen übrig.

110
52 8008-6 fährt zum Wasserkran.

111

112

113

111
Im Juli 1981 fährt 52 8010-2 zum Bw in Kamenz.

112
In Kamenz waren im Jahr 1981 noch viele 52er stationiert und rund um die Uhr gab es regen Güterbetrieb. Auf diese Aufnahme ist zu erkennen, dass das einfache Führerhaus bei der Rekonstruktion beibehalten wurde, allerdings mit ovalen Fenstern an der wegen des Rekokessels erforderlichen neuen Führerhausvorderwand.

113
Lok 52 8010-2 fährt nach getaner Arbeit auf das Abstellgleis. Auch Mitte Juli verkehrt die Rekolok noch mit Schneeräumer. Dies gefiel den Lokpersonalen häufig optisch besser.

114
Die 52 8010-2 auf dem Abstellgleis in Kamenz. Die abgestellten Lokomotiven müssen ständig unter Dampf gehalten werden. Der Schuppenheizer läuft von Lokomotive zu Lokomotive, um den Kesseldruck zu kontrollieren, damit die Maschinen einsatzbereit bleiben für die nächsten Aufgaben.

116

115/116
Lok 52 8014-4 bei Rangierfahrten in Löbau im August 1985.

117
Ein Güterzug – gezogen von 52 8080-5 und geschoben von 52 8019-3 – steht abfahrbereit im Güterbahnhof von Löbau.

118
Die 52 8019-3 leistet Schubdienst, wird aber in wenigen Minuten zurückkommen, um einen Güterzug nach Bautzen zu übernehmen.

119
Abfahrt des Güterzugs nach Bautzen, geführt von 52 8019-3.

120
Im Zug befindet sich ein Transportwagen mit einer Schmalspurlokomotive der Baureihe 99^{17} aus Zittau, die vermutlich ins Raw Schlauroth in Görlitz gebracht wird, um dort eine Hauptuntersuchung zu erhalten.

121/122/123
In Dresden-Klotzsche ist ein Güterzug eingetroffen, geführt von 52 8036-7 (August 1984). Nach dem Ankuppeln weiterer Güterwagen geht's Tender voran in Richtung Bautzen.

124
In Kamenz waren einige Dampfloks abgestellt, die nicht betriebsfähig waren. Die 95 1016-5 hatte offensichtlich als Heizlok gedient. Auch 52 8043-3 und 52 8080-3 waren (August 1984) ebenfalls nicht betriebsfähig. Die störanfälligen Diesellokomotiven der Baureihe 119 (»U-Boot«) waren meist zu 50% außer Betrieb, wahrscheinlich auch dieses Exemplar. Hinter der 95er steht noch eine Köf II.

125
Laut Anschrift auf der Pufferbohle hatte die 52 8090-4 ein Jahr zuvor noch eine Hauptuntersuchung im Raw Meiningen erhalten.

126
Auf dem geschlossenen Führerhaus dieser Kriegslok ist erkennbar, dass sie dem Bw Bautzen zugeteilt ist und noch am 13. Mai desselben Jahres in Meiningen eine Bremsrevision erhielt.

127
In Bad Liebenwerda steht 52 8107-6 bereit, um nach Elsterwerda zurückzufahren (Juli 1983).

128
Dieselbe Lok konnte einen Tag zuvor im Bahnbetriebswerk Bautzen abgelichtet werden.

129
Erst muss in Bautzen noch rangiert werden, bevor die 52 8107-6 an ihren Güterzug kuppeln kann (August 1983).

130/131
Mit einem leeren Güterzug nach Bischofswerda am Haken verlässt 52 8007-6 den Bahnhof Bautzen, Tender voran. Die Lok ist nicht gewendet worden, aber bei der DR reicht eine Höchstgeschwindigkeit von 50 km/h im Güterverkehr meistens schon aus.

131

132
In Bad Liebenwerda wartet 52 8107-6 mit einem Güterzug aus beladenen Kohlewagen auf das Abfahrtsignal.

133
»Ausfahrt frei« für 52 8107-6. Der Bahnübergang besitzt das typische Kopfsteinpflaster, das in der DDR noch häufig anzutreffen war.

134
Das ehemalige Bahnbetriebswerk Elsterwerda mit Rundschuppen und Drehscheibe. Nach einem Großbrand im Jahre 1997 wurden die Anlagen abgerissen.

135
Die rückwärtsfahrende 52 8111-5 wird den von 52 8008-6 nach Elsterwerda beförderten Personenzug übernehmen.

136
Die Lok nähert sich dem Personenzug und wird bald ankuppeln. Sie wird ihren Zug weiter befördern mit dem Tender voran.

137
Offensichtlich war die 52 8111-5 im November 1981 in Meiningen für eine Zwischenuntersuchung und hatte noch am 11. Juli 1983 eine L5 bekommen. Wie die meisten der 52er, war die Lok bestens gepflegt.

138
In Dresden-Klotzsche ist gerade 52 8123-3 mit einem Güterzug eingetroffen. Sie wird ihren Zug an einen schon bereitstehenden Güterzug kuppeln und für diesen als Schublok dienen.

139
Die Rekoloks der BR 52^{80} standen noch viele Jahren im Einsatz. Zu dieser Zeit (August 1984) waren aber alle Steifrahmentender der Kriegsloks schon lange ausgemustert. Alle Loks waren mit Wannentendern der Regelausführung gekuppelt.

140
Dieselbe Lok als Schublok für den zusammengestellten Zug, gezogen von 52 8036-7 (siehe Bild 121 bis 123).

141
Güterzugleistungen wurden von Kamenzer 52ern oft in Doppeltraktion gefahren. Hier sind gerade ein paar 52er mit einem Güterzug in Kamenz angekommen (August 1984).

142
Die beiden Loks haben abgekuppelt und sind zum Bw gefahren, um dort ihre Wasser- und Kohlenvorräte zu ergänzen.

143
Viele Loks der Baureihe 52^{80} wurden dem Bw Kamenz zugeteilt. Eine davon war 52 8123-3, die soeben zusammen mit 52 8128-2 den Güterzug in Doppeltraktion zu ihrem Heimat-Bw gebracht hat (siehe Bild 141).

144
Die Betriebspause wird vom Lokführer genutzt, um das Triebwerk zu überprüfen.

52 8128-2
110 593-1
145

145/146
Die 52 8128-2 wird zum Abstellgleis gefahren.

147/148/149
Im August 1985 wartet Lok 52 8134-0 im Bw Löbau auf weitere Aufgaben.

52 8134-0
148
52 8134-0
149

150
Dieselbe Lok ein Jahr zuvor im Bw Kamenz.

151
Wie die Rekoloks der Baureihe 50^{35} waren auch die rekonstruierten Kriegsloks der Baureihe 52^{80} universell einsetzbar für Personen- und Güterzüge auf Haupt- und Nebenstrecken.
Sie standen, wie die BR 50^{35}, bis zum Ende der Dampftraktion in der DDR in Betrieb. Glücklicherweise haben manche überlebt, viele davon sogar betriebsfähig.

152
Die 52 8134-0 rollt an den Bahnsteig, um einen Personenzug zu übernehmen (August 1985).

153
Die Lok hat angekuppelt, um ihren Zug nach Zittau zu bringen.

154 155

154/155
»Ausfahrt frei« und »ab geht die Post«, obwohl sich die Höchstgeschwindigkeit rückwärts mit nur 50 km/h in Grenzen hält.

156
Die 52 8138-1 rangiert in Bautzen (August 1983).

157
Die Kraftentfaltung der Dampflok bei der Beschleunigung begeistert immer wieder. Die 52 8138-1 hat ihren Zug in Bewegung gesetzt und fährt in Richtung Bischofswerda.

158
In Bautzen herrschte noch reger Dampfbetrieb, besonders im Güterverkehr.
Auch 52 8143-1 wurde dort eingesetzt; hier fährt sie rückwärts zum Bahnhof, um einen Güterzug zu übernehmen.

159
Von der Brücke in Bautzen hat man einen schönen Blick auf die Gleisanlagen. Lok 52 8148-0 rangiert mit einigen Güterwagen im Bahnhofsbereich. Im Hintergrund ist ein Triebzug der Baureihe SVT 175 zu erkennen, einer der modernen Verbrennungstriebwagen der DR. Der SVT 175 wurde nur in wenigen Stückzahlen gebaut und war zunächst im internationalen Fernverkehr im Einsatz.

160
Eisenbahnatmosphäre pur in Löbau (August 1985).

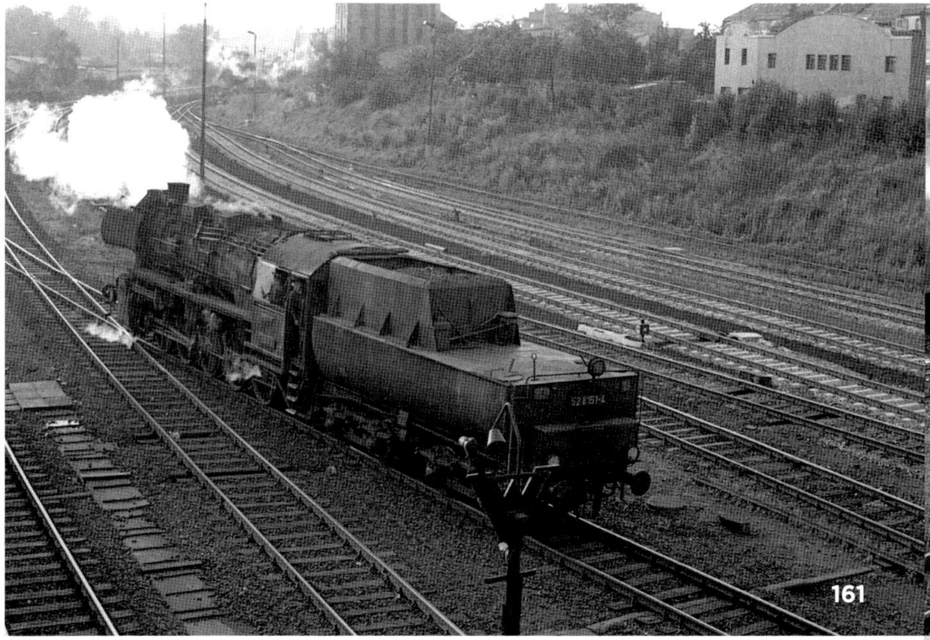

161

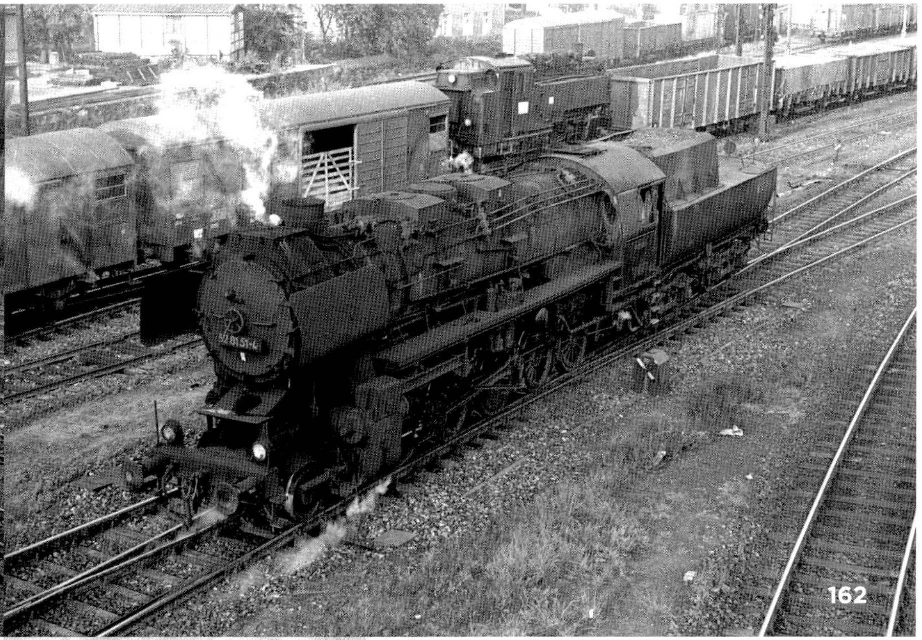

162

163

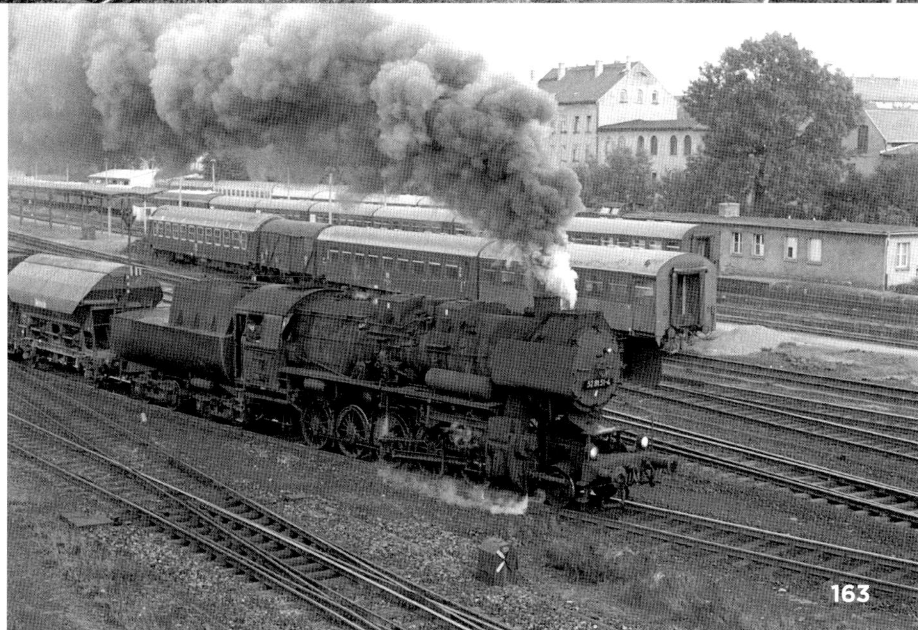

161/162
52 8151-4 setzt rückwärts an ihren Zug.

163
52 8151-4 hat »Ausfahrt frei« erhalten, um einen gemischten Güterzug nach Zittau zu bringen.

164 165

164/165
Im Juli 1983 war 52 8183-7 in Bautzen kalt abgestellt. Die 52er mussten häufig mit minderwertiger Kohle (»Kosakenkies«) gefahren werden, was die Leistungsfähigkeit beeinträchtigte. Nichtsdestoweniger standen sie Jahrzehnte in Betrieb, weil die Elektrifizierung in der DDR nur schleppend vorankam.

166
52 8192-8 neben ihren Schwestern auf dem Abstellgleis in Kamenz (August 1985).

167
Vielerorts waren auch Dampfloks anzutreffen, die vermutlich nicht mehr betriebsfähig waren. Die beiden abgestellten Rekoloks der Baureihe 52^{80} sahen jedenfalls ziemlich ungepflegt aus.

NORMALSPUR

Baureihe 65

Baureihe 65
In den Fünfzigerjahren wurden von der DR nicht nur Dampflokomotiven rekonstruiert, sondern auch neue beschafft. Zu diesen Neubaudampflokomotiven gehörte die Tenderlok der Baureihe 65[10] mit der Achsfolge 1'D2', die meist im Berufsverkehr zum Einsatz kam. Typisch für diese Lokomotive war der mit 9 t großzügig bemessene Brennstoffvorrat. Die Lokomotiven bewährten sich gut, aber auch ihre Dienstzeit endete in den Achtzigerjahren. Die beiden Maschinen 65 1008 und 65 1057 dienten noch als Wärmespender in Löbau und Zittau. Die 65 1049 blieb als Museumslok erhalten.

168/169
Im August 1985 traf der Autor im Bw in Löbau eine abgestellte Lok der Baureihe 65. Es ist ihm leider nicht bekannt, ob sie noch betriebsfähig war und um welche Loknummer es sich in diesem Fall handelt, da die Lokschilder fehlten. Wahrscheinlich ist es aber die 65 1008, die damals in Löbau als Heizlok diente.

168

NORMALSPUR

Baureihe 86

Baureihe 86

Die Baureihe 86 gehört zu den am längsten gebauten Einheitslokomotiven der DRG. Die ersten Maschinen wurden 1928 geliefert, aber die Beschaffung erstreckte sich bis ins Jahr 1943. Mehrere Hersteller waren am Bau beteiligt. Sie war als Tenderlokomotive mit symmetrischem Achsstand ausgebildet, um in beide Richtungen gleich gute Fahreigenschaften zu besitzen. Sie wurde auf Nebenbahnen eingesetzt, wo am Zielbahnhof keine Wendemöglichkeit bestand. Insgesamt wurden 774 Maschinen an die DRG geliefert. Nach dem Krieg kamen 385 Lokomotiven zur DB, die ihre Maschinen kontinuierlich ausmusterte. Etwa 170 gelangten in den Bestand der DR, wo sie bis 1976 im planmäßigen Einsatz standen. Einige auf der Insel Usedom eingesetzten Exemplaren erhielten wegen des ständigen Seewinds als einzige ihrer Baureihe Wittebleche. Die letzten in Aue noch unterhaltenen Maschinen wurden bis in die Achtzigerjahre auf der Stecke Schlettau-Crottendorf eingesetzt.

170
Auf der Strecke Schlettau-Crottendorf fuhren in den Achtzigerjahren noch Dampfloks der Baureihe 86. Diese reizvolle Bahnlinie wurde nach der Wende abgebaut, nachdem der Verkehr immer mehr zurückgegangen war.
Lok 86 1001-6 war Stammlok auf dieser Strecke.

171
Die Lok ist angekuppelt und die Fahrt nach Schlettau kann beginnen.

172
Die 86 1001-6 nähert sich Walthersdorf.

86 1001-6
172

173
Lokalbahnromantik pur: Mit einer Höchstgeschwindigkeit von nur 50 km/h auf dieser Strecke musste man es nicht eilig haben.

174
Nach einem kurzen Aufenthalt im Bahnhof Walthersdorf geht die Reise weiter nach Schlettau.

175
Typisch für Nebenbahnen: Die Weichen müssen oft per Hand bedient werden. Hier muss der Zugführer diese Aufgabe übernehmen.

176
Diese 86er war noch fast im Originalzustand, wurde aber gut gepflegt und versah noch bis 1988 ihren Dienst.

177
Der Zug, bestehend aus zwei- und dreiachsigen Personenwagen, setzt sich in Bewegung, geführt von 86 1001-6. Seit ihrer Indienststellung 1928 stand diese Lokomotive täglich unter Dampf und erreichte mit einem Dienstalter von 60 Jahren die längste Einsatzdauer aller im Plandienst eingesetzten Einheitsloks.

176

99 1582-8

99 1568-7

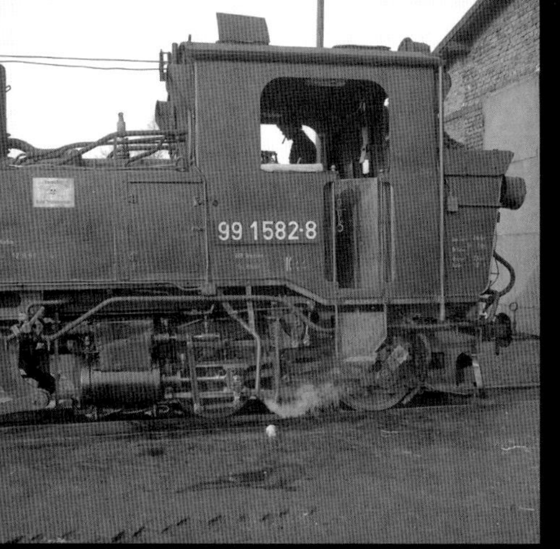
99 1582-8

99 1585-1

SCHMALSPUR

Baureihe 99^{15}

99 1568-7
991568-7

Baureihe 99^{15}
Die Lokomotiven der Gattung IV K wurden für krümmungsreiche 750 mm-Schmalspurstrecken in Sachsen entwickelt. Sie besaßen ein Vierzylinder-Verbundtriebwerk. Für eine bessere Kurvenläufigkeit waren beide Dampfmaschinen in Drehgestellen der Bauart Günther-Meyer untergebracht. Die Sächsischen Staatsbahnen beschafften über den langen Zeitraum von 1892 bis 1921, also knapp 30 Jahre, insgesamt 96 Exemplare. Die DRG reihte die Loks als Baureihe 99^{51-60} ein und setzte sie weiterhin auf den sächsischen Schmalspurbahnen ein. Nach dem Zweiten Weltkrieg verfügte die DR noch über einen Bestand von 57 einsatzfähigen Lokomotiven. Die Maschinen bewährten sich so gut, dass die Deutsche Reichsbahn sich in den Sechzigerjahren entschloss, 30 Lokomotiven zu modernisieren. Sie wurden einer Generalreparatur unterzogen, wobei zuerst neue geschweißte Kessel eingebaut wurden. Später erhielten sie neue Drehgestelle und Zylinder, ebenfalls in Schweißkonstruktion. Bei insgesamt 23 Maschinen wurden auch noch die Rahmen erneuert. Einige von den inzwischen mehr als 100 Jahre alten Maschinen haben überlebt und befördern noch immer historische Dampfzüge.

178
Zu DDR-Zeiten befand sich in Oschatz die Kreisdienststelle der Stasi, weshalb der Autor diese 750 mm-Schmalspurstrecke vorher immer gemieden hatte, um etwaigen Problemen beim Fotografieren buchstäblich aus dem Wege zu gehen. Erst im August 1990 fuhr er zum ersten Mal dahin, gerade noch zur richtigen Zeit. Schon bald danach wurde der Betrieb eingestellt. Aber kurz nach der Wende gab es noch regen Güterverkehr mit normalspurigen Güterwagen auf Rollwagen. Die 99 1568-7 rangiert in Oschatz und muss an der Weiche vorbeifahren, um an ihren Zug zu kuppeln. Die Weiche wird vom Bahnhofsvorsteher per Hand bedient.

179
Am frühen Morgen des nächsten Tages nähert sich 99 1568-7 ihrem Endbahnhof Oschatz mit einem für die Verhältnisse einer Schmalspurbahn schweren Güterzug.

180
Ein Anziehungspunkt für Fotografen ist die Stahlbrücke in Oschatz, die 99 1588-7 gerade überfährt.

181
Die Rollwagen sind mit einer Stange an die Lok gekuppelt. Nachdem der Personenverkehr auf dieser Strecke schon einige Jahre vorher beendet war, ging auch der Güterverkehr allmählich zurück und wurde kurze Zeit später eingestellt.

182
Im Bw Mügeln werden die Loks restauriert, gerade steht 99 1568-7 vor dem Lokschuppen.

183
Die Bekohlung mit einem Förderband erleichtert die Arbeit für den Heizer erheblich.

182

184
Die 99 1568-7 und 99 1582-8 warten vor dem Lokschuppen in Mügeln auf neue Aufgaben.

185
Der Lokführer überprüft die Treibstangenlager der 99 1582-8. Für die Lok ist dieser aus Rollwagen bestehender Güterzug eine schwere Last.

186
Die 99 1582-8 hat »Ausfahrt frei« erhalten und verlässt den Bahnhof Oschatz, der zeitweilig als größter Schmalspurbahnhof Europas galt.

187
Die 99 1582-8 beim Wasserfassen in Mügeln. Aus heutiger Sicht scheint es unvorstellbar, dass Heizer und Lokführer, neben der schon starken Rauchentwicklung der Lok, auch selbst noch eine Zigarette rauchen.

188
Eines der beiden Triebgestelle einer sächsischen IV K, die das Durchfahren enger Gleisbogen ermöglichen.

189
Alte, jedoch sehr robuste und zuverlässige Technik. Die Loks standen viele Jahrzehnte im Einsatz, einige sogar mehr als 100 Jahre.

190
Das Bw Mügeln verfügt über eine Untersuchungsgrube. Während einer Betriebspause nimmt die 99 1582-8 Wasser.

191

192

191/192
Ihre Schwester, die 99 1585-1, steht im Bw Mügeln für weitere Aufgaben bereit.

99 1776-5

SCHMALSPUR

Baureihe 99^{17}

Baureihe 99^{17}

Nach dem Zweiten Weltkrieg war eine der dringlichsten Aufgaben der DR, dem überalterten und durch Reparationsleistungen lückenhaften Lokomotivpark auf den sächsischen Schmalspurstrecken neue Lokomotiven zuzuführen. Zwischen 1952 und 1956 lieferte der VEB Lokomotivbau »Karl Marx« in Babelsberg 24 Tenderlokomotiven für 750 mm Spurweite mit der Achsfolge 1'E1'. Diese Neubaulokomotiven entstanden in Anlehnung an die bewährten Einheitsloks der Baureihe $99^{73\text{-}76}$.
Im Gegensatz zur Neubaulokomotive für 1.000 mm Spurweite erhielten die Maschinen keine Mischvorwärmeranlage. Die Neubaulokomotiven bewährten sich im Betriebsdienst sehr gut und verkehren noch immer auf den Strecken Cranzahl-Oberwiesenthal, Zittau-Oybin/Johnsdorf, Freital-Hainsberg-Kurort Kippsdorf und Radebeul-Radeburg.

193
Eine weitere bekannte 750 mm-Schmalspurstrecke führt von Zittau nach Oybin und Jonsdorf. Im August 1985 steht die 99 1731-1 im Bahnhof Bertsdorf zur Abfahrt bereit. Bei dieser Lok handelt es sich um eine Einheitslok der Baureihe $99^{73\text{-}76}$, die als Vorbild für die Neubauloks diente.

194
Bertsdorf ist Abzweigbahnhof für die beiden Strecken nach Oybin und Jonsdorf. Die Einheitslok 99 1731-1 wird in wenigen Minuten in Richtung Oybin abfahren. Der Heizer hat ordentlich aufgelegt und die Lok qualmt bereits stark. Sie hat einen schweren Personenzug am Haken und wird an den Steigungen auf dieser Strecke gefordert sein.

193

99 1731-1

195
In Putbus auf der Ostseeinsel Rügen ist 99 748-6 mit einem Personenzug eingefahren. Diese Lok ist ausnahmsweise mit einer Frontschürze ausgestattet. 99 781-7 steht schon mit ihrem Personenzug nach Göhren bereit (August 1990).

196
Neubaulok 99 748-6 mit ihrer Rückleistung nach Göhren.

197
Die 99 748-6 hat den Haltepunkt Baabe erreicht. Baabe ist Kreuzungsbahnhof und der Gegenzug muss abgewartet werden, bevor die Reise nach Göhren fortgesetzt werden kann.

198
Bei Straßenübergängen ist erhöhte Aufmerksamkeit gefordert. Der Heizer der 99 1759-2 - unverkennbar eine Einheitslok mit Oberflächenvorwärmer - begleitet die Lok mit einer roten Flagge über die Verkehrsstraße vor dem Zittauer Bahnhof.

199
Mit einem Güterzug, der aus Normalspurgüterwagen auf Rollwagen besteht, überquert Einheitslok 99 1760-0 die Straße.

200
Auch die Strecke von Radebeul-Ost nach Radeburg ist eine 750 mm-Schmalspurstrecke. In Moritzburg wartet 99 1772-5, bis die Reisenden eingestiegen sind, bevor sie ihre Fahrt nach Radeburg fortsetzt (August 1983).

201
Bei den Schmalspurbahnen hat man es meistens nicht besonders eilig und der Heizer der 99 1772- 5 kann ruhig eine kurze Pause einlegen. Es dauert noch eine Weile bis der Gegenzug aus Radeburg eintrifft.

202
Der Bahnhofsvorsteher hat den »Abfahrauftrag« erteilt und läuft zu seinem Arbeitsplatz zurück.

99 1776-6
203

203
Südlich von Dresden liegt die 750 mm-Schmalspurstrecke von Freital-Hainsberg nach Kurort Kippsdorf. Großer Anziehungspunkt für Eisenbahnliebhaber auf dieser Strecke ist das Viadukt in Schmiedeberg, das gerade 99 1776-6 mit einem Güterzug überquert.

204
Mit Ausnahme der Harzquer- und Brockenbahn sowie der Selketalbahn mit 1000 mm Spurweite, und der 900 mm-Strecke von Bad Doberan nach Kühlungsborn, besaßen alle Schmalspurbahnen der DR eine Spurweite von 750 mm. Letztere besitzt auch die Bahnlinie von Cranzahl nach Oberwiesenthal. Hier steht die bestens gepflegte 99 1777-4 im Bw Cranzahl, um Wasser und Kohle zu fassen (August 1985).

205
Die 99 1777-4 verlässt den Bahnhof Cranzahl. Besonders im Winter wird die Strecke häufig von Wintersportlern genutzt, die zum Skifahren nach Oberwiesenthal fahren. Das ist bis heute so geblieben.

206
Dieselbe Lok bei der Rückleistung, kurz vor der Einfahrt nach Cranzahl. Rechts ist das Viadukt der Normalspurstrecke nach Annaberg-Buchholz zu erkennen.

207
Die Schmalspurstrecken, auch die Bahnlinie von Freital-Hainsberg nach Kurort Kippsdorf, wurden überwiegend mit Dampf befahren. Lok 99 1779-0 ist soeben in Malter eingetroffen. Es dauert noch ein paar Minuten, bevor der Gegenzug ankommt und die Weiterfahrt beginnt.

208
Nach einem kurzen Aufenthalt in Malter setzt 99 1779-0 ihre Reise fort.

209

210

211

209/210/211
Am Ende eines Arbeitstages wird 99 1781-6 in Radebeul-Ost restauriert. Im Schuppen befindet sich eine weitere Lok der Baureihe 99^{17} und eine sächsische IV K, die Traditionslok ist auf dieser Strecke.

212

212
Einer der beliebtesten Fotostandorte der Weißeritztalbahn ist die Eisenbahnbrücke bei der Talsperre Malter, die 99 1783-2 mit einem Personenzug nach Kippsdorf überquert.

213
Diese idyllische Szene in Schmiedeberg lässt die Zeit stillstehen. Die leere Straße mit nur einer Simson Schwalbe und 99 1786-5 mit ihrem Personenzug auf dem Viadukt sprechen für sich (August 1985).

214
Die Frauen standen beim Eisenbahnbetrieb ihren männlichen Kollegen in nichts nach. Hier leistet eine Zugführerin Hilfe beim Rangieren im Bahnhof Malter.

215
Lok 99 1783-2 befährt die Eisenbahnbrücke bei Malter mit einem Personenzug.

99 1786-5

216
Wie bei vielen Schmalspurstrecken werden auch auf der Weißeritztalbahn die meisten Weichen per Hand bedient, auch hier in Dippoldiswalde.

217
In Dippoldiswalde muss Wasser genommen werden. Der Wasserkran ist mit einer Signallaterne ausgestattet.

218
Die Fahrt nach Kippsdorf wird bald fortgesetzt. Der Bahnhofsvorsteher steht schon mit seiner Kelle und der Pfeife bereit, um den Abfahrauftrag zu geben.

219
Der Personenzug, geführt von 99 1786-5, hat den Endbahnhof Kurort Kippsdorf erreicht.

220
Die Lok ist abgekuppelt, muss aber noch einige Meter weiterfahren, bevor die Zugführerin die Weiche zum Wasserkran bedienen kann.

221
Für die Rückreise nach Freital-Hainsberg muss auch in Kippsdorf Wasser gefasst werden. Der Heizer kontrolliert den Wasserstand im Wasserkasten, damit es nicht überläuft. Die Lok wird umlaufen und am vorderen Ende wieder ankuppeln. Das Schlusssignal am Zugende ist schon angebracht worden.

222
Auf einem separaten Abstellgleis werden die Treibstangenlager überprüft und gegebenenfalls Öl nachgefüllt.

223
Nachdem die Lok am anderen Ende des Zuges wieder angekuppelt hat, steht der Rückfahrt nach Freital-Hainsberg nichts mehr im Weg. Mit nicht weniger als sieben Personenwagen ist die Lok schon gut ausgelastet, glücklicherweise gibt es nur geringe Steigungen auf dieser Strecke.

224
Mit einem schweren Rollwagenzug am Haken überquert Lok 99 1787-3 die Brücke bei der Talsperre Malter.

225
Im August 1983 fasst 99 1788-1 vor dem Lokschuppen in Radebeul-Ost Wasser.

226
Ein Großteil des Güterverkehrs in der DDR wurde der Eisenbahn zugeteilt. Auch auf den Schmalspurstrecken gab es regen Güterverkehr. Am frühen Morgen hat 99 1788-1 die Aufgabe, einen Rollwagenzug nach Radeburg zu bringen. Wegen der bedenklichen Gleislage im Bahnhofsbereich darf dabei nur langsam gefahren werden.

227
99 1793-1 fertigte der LKM Babelsberg im Jahr 1956. Sie steht hier bei der Übernachtung in Moritzburg unter Dampf, um am nächsten Tag wieder einsatzbereit zu sein.

228
Wir sind wieder zurück auf der Lößnitzgrundbahn von Radebeul-Ost nach Radeburg. Von Radeburg kommend hat 99 1793-1 am frühen Morgen einen Personenzug nach Moritzburg gebracht.

229
Eine Lok der Baureihe 99^{17} unternimmt auf dem Damm im Dippelsdorfer Teich eine Probefahrt, nachdem die Lok anlässlich einer Hauptuntersuchung vom Ausbesserungswerk Schlauroth in Görlitz zurückgekommen ist. Die Lokschilder sind noch nicht wieder montiert.

SCHMALSPUR

Baureihe 99^{22}

Baureihe 99^{22}

Ende der Zwanzigerjahre entschloss sich die Deutsche Reichsbahn-Gesellschaft zum Bau leistungsfähiger Schmalspurlokomotiven für 1.000 mm Spurweite mit der Achsfolge 1'E1', die sie schließlich 1930 in Auftrag gab. Bei ihrer Auslieferung 1931 waren die DRG-Einheitsloks die stärksten deutschen Schmalspurdampfloks. Ursprünglich war eine größere Serie geplant, aber es wurden nur drei Exemplare fertiggestellt. Zwei Loks (99 221 und 99 223) gab die Reichsbahn während des Zweiten Weltkriegs an die Deutsche Wehrmacht ab, die die Loks in Norwegen einsetzte. Dort verblieben die beiden Maschinen auch nach dem Krieg, wurden aber in den Fünfzigerjahren zerlegt. Die 99 222 verkehrt seit 1966 im Harz. Sie diente als Vorbild für die Neubauloks der Baureihe 99^{23}, die von 1954 bis 1956 vom LKM Babelsberg geliefert wurden. Sie wurde später äußerlich an die Neubauloks angepasst, indem sie einen Mischvorwärmer des gleichen Typs erhielt wie diese. Im Jahr 1994 verunfallte sie, wurde aber wiederaufgearbeitet, wobei sie ihren ursprünglichen Oberflächenvorwärmer der Bauart Knorr zurückbekam. 2016 wurde der Rahmen im Dampflokwerk Meiningen ausgebessert. Zugleich wurde eine Hauptuntersuchung durchgeführt. Inzwischen zählt die 99 222 zu den beliebtesten Harzer Maschinen.

230
Sehr populär sind im Harz die Walpurgisfahrten am 30. April. Die Loknummer des gerade in Drei Annen Hohne eingefahrenen Zuges ist nicht lesbar, aber die kleine Schürze unterhalb der Rauchkammertür verrät, dass es sich um die Einheitslok 99 222 handelt.

231
Die wieder in ihren Originalzustand zurückversetzte 99 222 ist bei einer Brockenfahrt im Drängetal unterwegs. Ausnahmsweise wurde dieses Foto erst nach der Wende aufgenommen.

230

231

99 5904 0

SCHMALSPUR

Baureihe 99^{59}

Baureihe 99^{59}
Zusammen mit der sächsischen IV K gehören die Mallet-Lokomotiven der Baureihe 99^{59} zu den ältesten Loks der Deutschen Reichsbahn in der DDR. Sie wurden ab 1897 bei der Nordhausen-Wernigerode Eisenbahn in Betrieb gestellt. Die meisten wurden von der Lokomotivfabrik Arnold Jung geliefert. Obwohl die B'Bn4vt-Maschinen mit dem Anstieg der Fahrgastzahlen auf der Brockenstrecke bereits nach einigen Jahren ihre Leistungsgrenze erreichten, bildeten sie weiterhin das Rückgrat in der Zugförderung der Harzquerbahn. Nach dem Ersten Weltkrieg erhielten sie neue Ersatzkessel, die einen etwas höheren Betriebsdruck erlaubten, wodurch ihre Leistung und Zugkraft zunahmen. Allerdings wurden die Loks immer weniger auf der Brockenbahn eingesetzt und in den Fünfzigerjahren nach Gernrode umbeheimatet. Nach Wiederherstellung des Streckenabschnitts zwischen Straßberg und Stiege befahren sie aber wieder die Harzquerbahn. Drei Exemplare blieben bei den Harzer Schmalspurbahnen erhalten. Mit dem Traditionszug fahren sie manchmal auch wieder zum Brockengipfel.

232
Auf der Selketalbahn waren die Loks der Baureihe 99^{59} über Jahrzehnte unentbehrlich. Hier steht eine davon in Alexisbad. Lokführer, Heizer und ein Volkspolizist unterhalten sich miteinander, während der Wasservorrat der 99 5901-6 ergänzt wird. Damals war es üblich, dass ein Vopo im Zug mitfuhr (August 1983).

233
Der Bahnhofsvorsteher hat sein »Spiegelei« schon in der Hand und wird, wenn der letzte Gast eingestiegen ist, den Auftrag zur Abfahrt geben.

234
Gerade zurückgekehrt aus Harzgerode, wartet der Lokführer auf Ausfahrt und wird dann den Zug nach Gernrode bringen.

235
Für die Streckenunterhaltung nutzte die in Gernrode stationierte Rotte der BM Aschersleben einen meterspurigen Gleiskraftwagen (Skl) des Typs »Schöneweide«. Auf einem Schild neben dem Bedienungsrad innerhalb der Kabine ist zu lesen: »Mönchengladbach, Krefeld, Duisburg, Essen, Dortmund, Hamm, Altenbeken, Kassel, Zebra, Erfurt, Leipzig«. Damals hatte die DDR-Regierung das Land und die Bevölkerung noch fest im Griff und niemand hatte eine Ahnung davon, dass es nur noch etwa sechs Jahre dauern würde, bevor eine solche Reise auch für DDR-Bürger möglich wäre. Das Fahrzeug wurde in Alexisbad auf den Film gebannt.

236
Nach ihrer Rückkehr wird Lok 99 5901-6 vor dem Lokschuppen in Gernrode ausgeschlackt, eine mühselige Arbeit.

237
Alexisbad ist Kreuzungsbahnhof und 99 5902-4 muss den Gegenzug aus Gernrode abwarten, bevor sie ihre Reise fortsetzen kann. Der Heizer nutzt die Zeit, um das Triebwerk abzuölen.

238
Die Mallet-Lokomotiven der Baureihe 99^{59} sahen zwar ziemlich altmodisch aus, waren aber Jahrzehnte lang unverzichtbar auf der Selketalbahn und versahen sehr zuverlässig ihren Dienst. Einige Maschinen sind weitgehend im Originalzustand erhalten geblieben und gehören heute zu den beliebtesten Traditionslokomotiven der Harzer Schmalspurbahnen.

239
Der Gegenzug ist mittlerweile in Alexisbad eingetroffen, bald wird 99 5902-4 ihre Fahrt nach Gernrode fortsetzen können.

240
Eine der Mallet-Loks hat gerade ihre letzte Fahrt absolviert und steht vor dem Lokschuppen in Gernrode. Die Lokschilder sind abgenommen, wahrscheinlich wird die Lok in den nächsten Tagen dem Ausbesserungswerk Schlauroth in Görlitz zugeführt, um dort eine Hauptuntersuchung zu erhalten. Es könnte sich um Lok 99 5902-4 handeln.

241
In Alexisbad sind zwei Wasserkräne vorhanden, um Wasser nehmen zu können. Dabei wird die Lok meistens abgekuppelt, aber aus irgendeinem Grund ist das diesmal nicht der Fall. Der Lokführer ist auf die Lok geklettert, um das Prozedere zu überwachen.

242
Auch bei der Rückfahrt nach Gernrode wird die Lok nicht abgekuppelt.

243
Aus Harzgerode kommend hat 99 5904-0 fast den Bahnhof Alexisbad erreicht. Die großen Fenster in der Rückwand erleichtern die Streckenbeobachtung während der Rückwärtsfahrt erheblich. Leider wurde die Lok im Jahr 1990 in Görlitz zerlegt.

244
Ein Schmalspurgüterzug, geführt von 99 5904-0, hat den Bahnhof Alexisbad verlassen und fährt nach Harzgerode. Es sieht aus, als habe die Zeit stillgestanden – dieses Foto hätte auch Jahrzehnte vorher aufgenommen werden können.

243

244

245
In Gernrode steht 99 5904-0 abfahrbereit am Bahnsteig. In wenigen Minuten wird sie ihre Reise nach Alexisbad beginnen. Am Ende hängt noch ein Güterwagen am Zug, es handelt sich also eigentlich um einen PmG (Personenzug mit Güterbeförderung).

246
Mit viel Getöse verlässt 99 5904-0 mit ihrem PmG den Bahnhof Gernrode und muss dabei die Verkehrsstraße überqueren, also ist die volle Aufmerksamkeit von Lokführer und Heizer gefordert.

247
Ein wenig später steht ihre Schwester 99 5906-5 ebenfalls abfahrbereit in Gernrode. Die Lok besitzt ausnahmsweise eine Frontschürze unterhalb der Rauchkammertür, um zu verhindern, dass beim Lösche ziehen Asche ins Triebwerk gelangt.

248
Der Autor verfolgte diesen Zug mit dem Auto und traf gerade zur richtigen Zeit in Alexisbad ein, um dieses Foto aufzunehmen.

249
Reger Betrieb im Bahnhof Alexisbad: 99 5906-5 ist soeben mit ihrem Zug angekommen und wird nach Harzgerode weiterfahren. Auf dem Nebengleis steht abfahrbereit ein Personenzug nach Gernrode.

250
Hier wurde die Lok zum Wassernehmen abgekuppelt. Der Lokführer hat die Rauchkammertür geöffnet, um die Rauchrohre freizumachen.

251
Unweit von Mägdesprung ist 99 5906-5 mit einem Personenzug im Selketal unterwegs. Leider wurde die Lok mittlerweile ausgemustert.

SCHMALSPUR

Baureihe 99^{60}

Baureihe 99^{60}

Mitte der Dreißigerjahre wurden bei der NWE dringend neue Triebfahrzeuge als Ersatz für die inzwischen über 30 Jahre alten Mallet-Maschinen benötigt. Im Sommer 1937 wurde die Friedrich Krupp AG mit der Konstruktion einer 1'C1'h2-Tenderlok beauftragt. Nach einigen Testfahrten wurde die Maschine für eine Höchstgeschwindigkeit von 50 km/h zugelassen. Seither ist sie die schnellste meterspurige Dampflok in Deutschland. Die 99 6001 ist das einzige gebaute Exemplar dieser Baureihe.
Wegen des Krieges wurden Aufträge für weitere Maschinen storniert. Diese Lokomotive galt als eine sehr gelungene Konstruktion und wurde zunächst auf der Harzquerbahn eingesetzt, aber 1961 zur Selketalbahn umgesetzt. Heute aber befährt sie wieder alle Strecken im Harz. Anlässlich einer Hauptuntersuchung erhielt sie von 2012 bis 2014 einen neuen Kessel.

252
Das Foto zeigt die 99 6001 beim Felseinschnitt in der Nähe von Mägdesprung (August 1983).

253
Nicht nur für Eisenbahnfotografen haben die Harzquerbahn und Selketalbahn ihren besonderen Reiz, auch landschaftlich gibt es hier viel zu genießen. Eine Dampflok passt aber genau dazu, wie hier die 99 6001.

99 6001

SCHMALSPUR

Baureihe 99^{61}

Baureihe 99^{61}

Zwei Dreikuppler der Baureihe 99^{61} gehören ebenfalls zum Fuhrpark im Harz. Die 6101 war im Jahr 1917 in Heißdampf- und die 6102 im Jahr 1920 in Nassdampf-Ausführung an die Heeresfeldbahnen geliefert worden. Sie wurden nach dem Ende des Ersten Weltkriegs von der NWE übernommen und seitdem vor allem im Rangierdienst und leichten Rollbockdienst eingesetzt oder auf Teilstrecken direkt zu den Werksanschlussgleisen. Beide Loks sind der Nachwelt erhalten geblieben. Die Fördervereine Interessengemeinschaft Harzer Schmalspurbahn e.V. und Freundeskreis Selketalbahn e.V. übernahmen die Aufarbeitung beider Lokomotiven. In der Folgezeit kamen sie wiederholt vor Sonderzügen zum Einsatz, sind jedoch mittlerweile abgestellt. Die 99 6101 ist zur betriebsfähigen Aufarbeitung vorgesehen, während die 99 6102 zwischenzeitlich rollfähig aufgearbeitet wurde.

254

254
Man musste schon etwas Glück haben, um die Loks dieser Baureihe vor die Kamera zu bekommen. Hier steht 99 6101 im Bw Wernigerode mit drei Kolleginnen abgestellt vor dem alten Lokschuppen, der später durch einen Neubau ersetzt wurde (August 1983).

255
Dieses Foto von der bestens gepflegten 99 6101 wurde ebenfalls im Bw Wernigerode aufgenommen.

99 6101
99 6101

256
Ihre Schwester 99 6102 ist soeben mit einem PmG (Personenzug mit Güterbeförderung) aus Gernrode in Alexisbad angekommen. Sie wurde ausnahmsweise wegen Lokmangel im Reisezugdienst eingesetzt.

257
In den Achtzigerjahren wurden die beiden Loks der Baureihe 99^{61} immer weniger genutzt und standen meist kalt abgestellt, so wie hier die 99 6102.

258
Die 99 6102 verlässt den Bahnhof Alexisbad. Sie wird den Zug weiter nach Harzgerode bringen. Auf den steigungsreichen Strecken der Selketalbahn war der Dreikuppler mit diesen drei Wagen schon stark gefordert (August 1983).

99 7239-9
W
99 7240-7
W

SCHMALSPUR

Baureihe 99^{72}

Baureihe 99^{72}

Von 1954 bis 1956 lieferte LKM Babelsberg 17 Dampflokomotiven mit der Achsfolge 1'E1' für 1.000 mm Spurweite an die Deutsche Reichsbahn. Vorbild bei der Konstruktion waren die Einheitslokomotiven der Baureihe 99^{22}, von denen nach dem Krieg nur noch eine (99 222) vorhanden war. Die Loks wurden auf der Harzquer- und Brockenbahn und auf der Strecke von Eisfeld nach Schönbrunn in Thüringen eingesetzt. Nach Auflassung der letztgenannten Strecke kamen auch die dort stationierten Loks zur Harzquerbahn. Insgesamt verfügte das Bw Wernigerode damit über 18 leistungsfähige Lokomotiven. Zwischen 1977 und 1981 wurden sie auf Ölhauptfeuerung umgebaut. Der Einsatz der ölgefeuerten Loks dauerte aber nicht lange. Schon bald nachdem 99 246 im Februar 1981 als letzte Lokomotive ihrer Baureihe umgebaut worden war, wurde wegen der Energiekrise wieder der Rückbau auf Kohlefeuerung beschlossen. In den Achtzigerjahren waren alle Maschinen noch im Einsatz und befuhren nach Wiederherstellung des Streckenabschnitts von Straßberg nach Stiege auch die Selketalbahn. Seit Auflösung des Ausbesserungswerkes in Görlitz werden die Loks im Reichsbahnausbesserungswerk Meiningen fachmännisch unterhalten und aufgearbeitet. Nichtsdestoweniger wurden seit der Wende schon einige Maschinen außer Betrieb genommen. Glücklicherweise ist keine von ihnen bislang verschrottet worden.

259
Diese Aufnahme beweist, dass im Bw Wernigerode die Drehscheibe und einige der Abstellgleise auch von normalspurigen Wagen befahren werden konnten. Diese Zeit liegt aber schon lange zurück (August 1984).

260
Der Lokführer der 99 7233-2 hat den Abfahrauftrag erhalten. Die Lok beschleunigt den aus sieben Wagen bestehenden Personenzug mit voller Kraft in Richtung Wernigerode-Westerntor, dem nächsten Halt.

261
Der Autor gab sich viel Mühe, um den Tumkuhlenkopftunnel zu erreichen, ohne von der Polizei festgenommen zu werden. Das Resultat ist dieses Foto: Mit viel Rauch und Dampf verlässt 99 7235-7 den einzigen Tunnel der Harzquerbahn (August 1984).

262
In den Achtzigerjahren herrschte im Harz noch reger Güterverkehr. Neubaudampflok 99 7236-5 hat mit einem Rollwagenzug am Haken den Bahnhof Eisfelder Talmühle erreicht (August 1983).

263
Lok 99 7236-5 fasst Wasser in Eisfelder Talmühle, allerdings nicht am Wasserkran, sondern mit Hilfe eines Schlauchs, so dass es noch bestimmt einige Zeit dauern wird, bevor der Zug weiterfahren kann.

264

264
In Wernigerode stehen 99 7237-3, 99 7239-9 und 99 7240-7 vor dem Rohbau des neuen Lokschuppens (August 1984).

265
Aus Nordhausen kommend hat 99 7238-1 den Bahnhof Eisfelder Talmühle erreicht. Nach einem kurzen Aufenthalt wird sie nach Wernigerode weiterfahren (August 1984).

265

266/267
In Wernigerode steht 99 7240-7 auf der Untersuchungsgrube neben ihrer Schwestermaschine 99 7239-9. Die Loks haben unterschiedliche Schneeräumer.

99 7240-7
99 7239-9

99 7240-7

268
Im Bahnhof Drei Annen Hohne wird immer Wasser genommen. Der Heizer ist auf die Lok geklettert, um die Pumpe zu prüfen. Die 99 7240-7 war eine der ersten Harzloks, die im Sommer 1977 auf Ölhauptfeuerung umgebaut wurden. Als der Autor die Harzquerbahn im August 1983 besuchte, waren bereits fast alle Loks wieder auf Kohlefeuerung zurückgebaut worden.

269
Lok 99 7240-7 bei der Ausfahrt aus dem Bahnhof Drei Annen Hohne in Richtung Brocken im August 1983: Der Zug wird nicht weiterfahren als bis Schierke, dem damaligen Endpunkt. Nach dem Bau der Berliner Mauer im Jahr 1961 wurde der Abschnitt von Schierke zum Brocken gesperrt. Der Gipfel diente jetzt als Abhörzentrale, um die Grenze mit der Bundesrepublik zu überwachen. Erst nach der Wende 1989, Anfang der Neunzigerjahre, wurde die Strecke zum Brocken saniert und wieder in Betrieb genommen. Heute gehört eine Fahrt zum Brocken zu den beliebtesten Ausflügen im Harz.

269

270
Im August 1985 befindet sich die neue Lokhalle schon im Bau, ist aber noch nicht fertiggestellt worden. Die Drehscheibe in Wernigerode wird fast kontinuierlich genutzt, aber meistens nicht zum Wenden der Lokomotiven, sondern um die Loks auf dem richtigen Gleis abzustellen. Wenden bringt bei diesen Tenderloks kaum einen Vorteil, weil die Höchstgeschwindigkeit in beide Richtungen gleich schnell ist und das Wenden der Loks nur Zeit kosten würde. Bei den Harzer Schmalspurbahnen gibt es jeweils im Bw Nordhausen und im Bw Wernigerode eine Drehscheibe.

271
Mit einem Personenzug nach Drei Annen Hohne durchfährt die 99 7240-7 die Kirchstraße in Wernigerode. Der Trabant, gefahren von einem Anfänger, muss warten bis der Zug vorbeigefahren ist.

272
Der Streckenabschnitt zwischen Straßberg und Stiege wurde im Frühjahr 1946 als Reparationsleistung für die Sowjetunion demontiert. Erst im Jahr 1983 wurde die Verbindung wiederhergestellt. Im Bahnhof Eisfelder Talmühle traf der Fotograf einen für Schmalspurbahnen hochmodernen Gleisbauwagen, der zu diesem Zweck eingesetzt wurde. Hierdurch wurde die Selketalbahn wieder mit der Harzquerbahn verbunden. Dies ermöglichte einen durchgehenden Verkehr zwischen Gernrode und Wernigerode.

273

274

273/274
Im Bw Wernigerode steht 99 7241-5 zunächst auf der Drehscheibe und fährt dann zum Wasserkran, um einen großen Schluck Wasser zu nehmen.

275
Die Verbindung zwischen die Selketalbahn und der Harzquerbahn ist inzwischen wieder hergestellt worden. In Stiege steht 99 7242-3 abfahrbereit mit einem Personenzug aus Straßberg.

Stiege
99 7242-3

276

277

276
Der Zug setzt auf dem linken Gleis die Reise nach Hasselfelde fort. Im Vordergrund die neu erbaute Kehrschleife.

278

279

277/278/279
Einige Stimmungsbilder beim Übernachten der Fahrzeuge im Bw Wernigerode. Dabei müssen die Loks ständig unter Dampf gehalten werden, so dass auch während der Nachtschicht die Anwesenheit eines Heizers erforderlich ist.

280

280/281
Im Bw Wernigerode wird die 99 7243-1 für die nächste Fahrt vorbereitet.

282
Ein schwerer Rollwagenzug mit Doppeltraktion steht abfahrbereit im Bahnhof Eisfelder Talmühle. Die beiden Heizer haben noch ordentlich Kohle auf den Rost geschaufelt, um bei der Anfahrt genügend Dampf zu haben. Auf den Harzstrecken mit ihren vielen Steigungen werden den Loks alle Kräfte abverlangt. Der Gegenzug, ebenfalls ein Rollwagenzug, muss noch ein bisschen weiterfahren, um die Weiche freizumachen, dann kann es los gehen (August 1984).

283
Endlich ist die Weiche frei. Mit viel Getöse und mächtig Dampf setzt sich 99 7245-6, unterstützt von 99 7232-4, mit ihrem Zug langsam in Bewegung.

284
Derselbe Zug im Nachschuss. Aus irgendeinem Grund ist das Gleisstück zwischen den beiden Weichen abgebaut worden. Es wurde später wieder eingebaut.

285
In Wernigerode Westerntor wartet 99 7247, die letzte ihrer Baureihe, auf ihre Aufarbeitung.

SCHMALSPUR

Baureihe 99^{78}

Baureihe 99^{78}

Auf der Schmalspurstrecke von Putbus nach Göhren auf der Insel Rügen verkehrten zwei Lokomotiven, die bei der Übernahme der Kleinbahnen des Kreises Jerichow in den Bestand der DR gelangt waren. Die modernen Lokomotiven waren im Jahr 1938 von Henschel & Sohn (Kassel) geliefert worden.
Mit einer Höchstgeschwindigkeit von 45 km/h sind es die schnellsten Dampflokomotiven für 750 mm-Spurweite. Die für Tenderloks ungewöhnliche Achsfolge 1'D h2, der schlanke Kessel und der Krempenschornstein verleihen den Loks ein unverwechselbares Aussehen.
Anfang der Sechzigerjahre war eine gründliche Instandsetzung der Rahmen erforderlich.
Dabei wurden auch die Führerhäuser erneuert, wodurch die Loks moderner aussahen. Später erhielten sie außerdem neue Ersatzkessel.
Bis heute sind beide Maschinen auf der Schmalspurbahn Putbus-Göhren – besser bekannt als »Rasender Roland« – im Einsatz.

286
99 780-9 rangiert zum Bw in Putbus.

287
In Putbus hat 99 780-9 abgekuppelt und wird zum Bw fahren, um für die nächste Fahrt vorbereitet zu werden (August 1990). Die Bahn wurde zu der Zeit immer noch von der Deutschen Reichsbahn betrieben, einige Zeit später aber privatisiert.

287

288
Sowohl vor als auch nach der Wende gehörte die Insel Rügen zu den beliebten Urlaubszielen. Mit einem gut besetzten Zug steht die 99 780-9 bereit, um ihre Fahrgäste nach Göhren zu befördern.

289
In Binz-West muss ein Halt eingelegt werden, nicht nur für den Ein- und Ausstieg, sondern auch um den Gegenzug abzuwarten. Das hübsche Bahnhofsgebäude ist gerade frisch gestrichen worden.

Binz Ost
099 780-9

290
Die Strecke von Putbus nach Göhren ist weitgehend bekannt als »Rasender Roland« und genießt große Popularität bei Urlaubern auf Rügen. Hier verlässt 99 780-9 den Bahnhof Binz-West.

291
Die beiden Schwesterlokomotiven der Baureihe 99^{78} vor dem Lokschuppen im Bw Putbus.

099 781-7
099 781-7
L7 RAW GO
2.8.89
099 780-9

292
Die 99 781-7 beim Wasserfassen im Bw Putbus.

293
Von Putbus nach Göhren fahren die Loks rückwärts. Wie auf den meisten Schmalspurstrecken gibt es auch hier keine Wendemöglichkeit, aber die Höchstgeschwindigkeit ist bei diesen Tenderloks in beide Richtungen gleich.

294
Bei der Bekohlung werden Kohlenhunte genutzt.

Deutsche Reichsbahn
099 781-7

SCHMALSPUR

Baureihe 99^{90}

295

Baureihe 99^{90}

Obwohl die von der Deutschen Reichsbahn-Gesellschaft im Jahr 1932 für die 900 mm-Strecke von Bad Doberan nach Kühlungsborn beschafften Lokomotiven der Baureihe 99^{32} nur drei Stück umfasste, zählen sie zu den Einheitslokomotiven. Der Erbauer, Orenstein & Koppel, musste sich weitgehend an Baugrundsätze und Normen der Einheitslokomotiven orientieren. Die drei gelieferten Exemplare gehören mit 50 km/h in beide Fahrtrichtungen neben der 1'C'1 h2-Tenderlokomotive der Nordhausen-Wernigerode Eisenbahn (später 99 6001 der DR) zu den schnellsten Schmalspurlokomotiven in Deutschland. Mit der Einführung des Nummernschemas der Deutschen Bundesbahn bei der Deutschen Reichsbahn zum 1. Januar 1992 erhielten sie die Betriebsnummern 099 901-1, 099 902-9 und 099 903-7.

295
Im Bahnhof Kühlungsborn-West wird 99 902-9 für die nächste Fahrt vorbereitet. Es wird noch ein Schluck Wasser genommen, dann kann die Reise nach Bad Doberan beginnen. Diese Strecke besitzt eine Spurweite von 900 mm.

296

297

296/297
In Bad Doberan hat die 99 902-9 bereits angekuppelt, um ihren Zug nach Kühlungsborn-West zu bringen.

298
Der Heizer beim Abölen der Maschine. Die Loks haben sich bis heute ausgezeichnet bewährt und fahren immer noch auf dieser Strecke.

299
Der Zug verlässt den Bahnhof Bad Doberan. Damit beginnt die bekannte Ortsdurchfahrt.

300
Der Endpunkt Kühlungsborn-West ist erreicht. Die beachtliche Länge des Zuges von zehn Wagen stellt für die leistungsfähige Lok keinerlei Probleme dar.

099 902-9
099 902-9

302

301
Schiene, Dampf und Kamera – Schmalspur-Romantik pur.

302
Die Schwestermaschine 99 903-7, steht in Kühlungsborn am Wasserkran. Lokführer, Heizer und ein Mechaniker haben es nicht eilig, es gibt noch genügend Zeit für ein Schwätzchen.

303
Das Wasserfassen und das Schwätzchen sind beendet und die Lok wird sich bald an ihren Personenzug setzen.

304
Mit einem langen Personenzug steht 99 903-7 zur Abfahrt bereit.

099 903-7

Quellenverzeichnis:

Weisbrod/Petznick/Müller:
Deutsche Dampflokomotiven Archiv I
Baureihe 01-39
ALBA Verlag

Weisbrod/Petznick/Müller:
Deutsche Dampflokomotiven Archiv II
Baureihe 40-59
ALBA Verlag

Weisbrod/Petznick/Müller:
Deutsche Dampflokomotiven Archiv III
Baureihe 60-96
ALBA Verlag

Weisbrod/Petznick:
Dampflokomotiven Deutscher Eisenbahnen
Baureihe 97-99
ALBA Verlag

Dirk Endisch:
Von der GHE zur HSB Band 1 + 2
Dirk Endisch Verlag

Hans Wiegard:
Reko- und Neubau-Dampfloks der DR
Die Nachkriegskonstruktionen der Reichsbahn
Geramond Verlag

Michael Reimer/Dirk Endisch:
Baureihe 52^{80}
Die rekonstruierte Kriegslokomotive
Geramond Verlag

Bildnachweis:
Die zur Illustration dieses Buches verwendeten Aufnahmen stammen ausnahmslos vom Verfasser